加藤禮子の Sunbonnet Sue
蘇姑娘拼布集

每一天都要開心玩的可愛貼布縫

我最喜歡的拼布世界

與拼布的相遇約莫在 38 年前。在高中時代，朋友持有的 PUFF 的書吸引了我，於是到書店購買了「パッチワーク練習書（拼布的自學書）」的書籍。
一開始是使用媽媽裁縫盒內的棉線及粗針，與質地硬的寬幅細毛布料苦戰，製作了大型六角形圖案的壁飾。
因結了婚才認真地開始學習拼布，學習從美國拓荒時代傳承下來的各種圖案。「祖母的花園」、「郵票提籃」、「熊的足跡」……

過了熱衷拼布圖案製作的時期後，便完全迷上了曲線及複雜線條自由呈現的貼布縫。

結婚第 9 年兒子出生、第 14 年女兒出生。一邊工作，一邊照顧小孩，雖然是很忙碌的生活，但看著小孩成長，真的是很幸福的事。

蹣跚學步的背影、坐在小椅子上的身影、以小手吃點心的樣子……我開始有了將心愛小孩們的可愛模樣融入「蘇姑娘」拼布圖案的想法。

距離第一次製作蘇姑娘，不知不覺已過了 17 年。

從模仿開始的蘇姑娘，改變帽子的形狀、身高及頭部的長度比例，造出原創圖案。
享受挑選帽子及洋裝布料的樂趣，就像小時候幫洋娃娃換裝的感覺。

在我的拼布生涯中，即使有辛苦的時候，但從沒有過不開心的時候。
當完成一件拼布時，會開始想著下個要作什麼呢？我總是懷著興奮的心情。希望這麼棒的興趣，能讓更多人也感受到樂趣。

希望大家打開這本書時，能感受到手作的溫暖！

加藤禮子

從 18 歲開始自學拼布。
24 歲起在齊藤謠子老師經營的「キルトパーティ」工作。
2001 年設立まざーず どりー夢。
作品特徵是使用樸實且可愛的配色，其中以蘇姑娘為主題的作品獲得好評。在店鋪進行教學活動、專門雜誌刊載作品，並參加亞洲及歐洲的展覽及演講，努力地讓拼布更加普及，著作眾多。

Contents

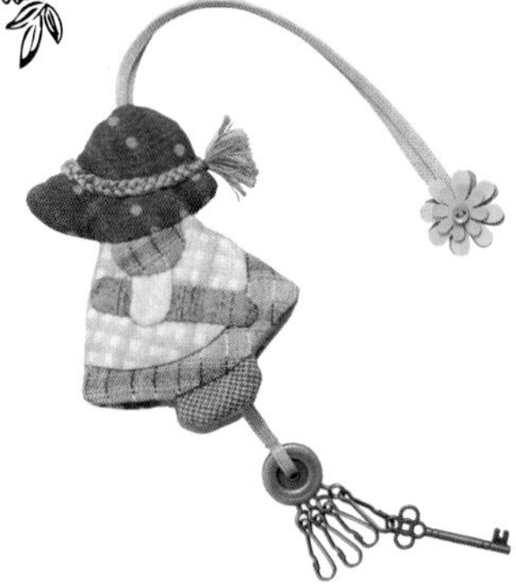
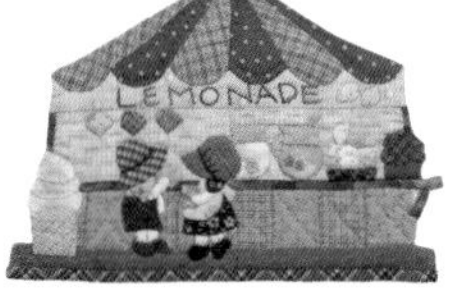
LEMONADE

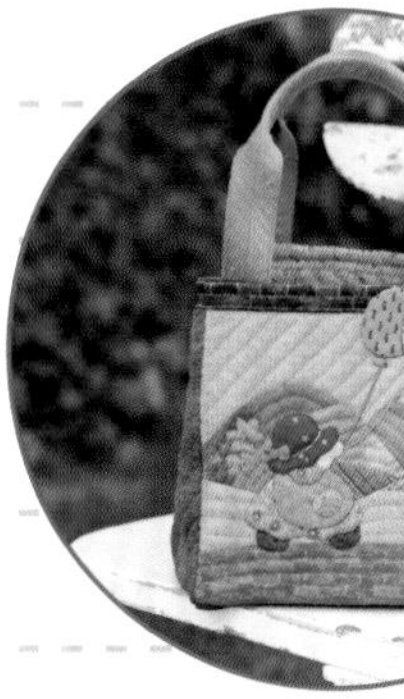
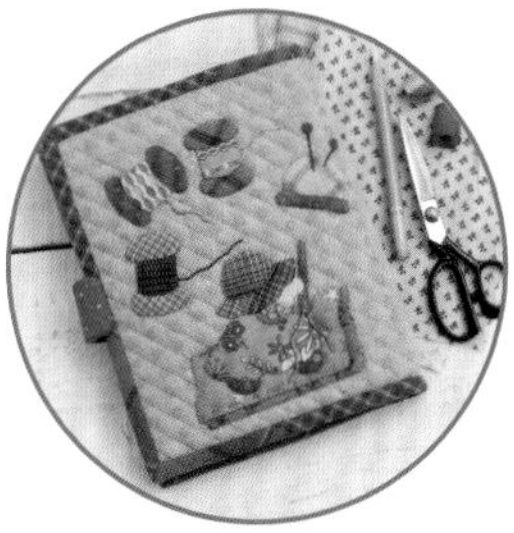
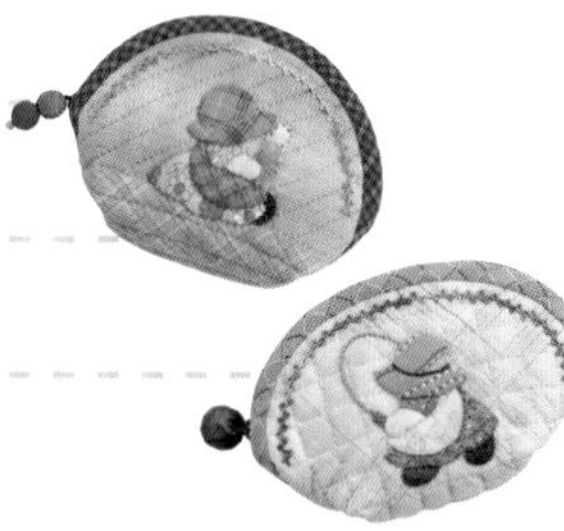
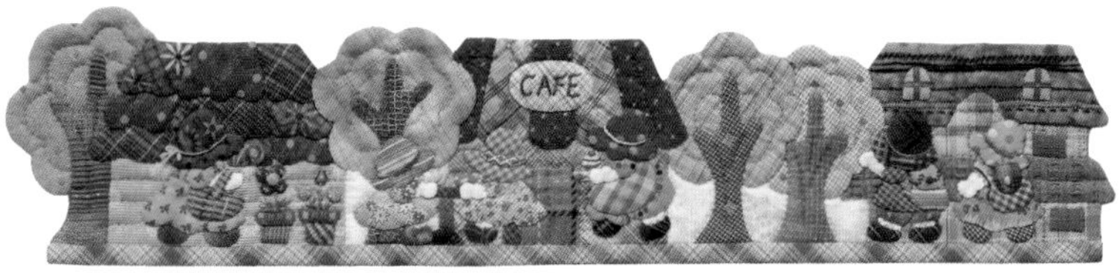
CAFE

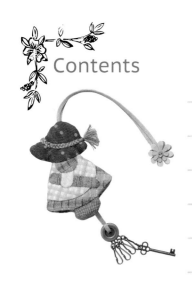

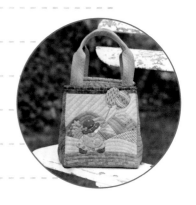

壁飾

甜蜜小鎮

以房子為背景，描繪出蘇姑娘們感情好，一起玩遊戲的樣子。外框不只是作普通的滾邊，摺出兩種不同的三角形來裝飾。希望能傳遞出蘇姑娘們生活的小鎮的的歡樂氣氛。

作法 P.62

1

屋頂及門各有特色，
將在家門口開心遊戲的
蘇姑娘們製作成貼布縫。
一邊回味兒時記憶，
一邊進行製作。

將四角形及六角形的布
摺成三角形，
製作出繽紛的邊框。
以兩種布料交替搭配，
呈現多彩的顏色。

壁飾

2

裁縫屋

如果有這麼令人開心的拼布屋就好了！抱持這樣的想法，設計出將蘇姑娘們集合在一間房屋的作品。喜歡手作的蘇姑娘們正開心的工作著。

作法 P.6

Tree of Life 生命之樹

爬上樹後，出現嘴巴塞滿蘋果的蘇姑娘、盪鞦韆的蘇姑娘、跟小狗玩耍的蘇姑娘……壁飾栩栩如生地描繪出各自開心的身影。

作法 P.7

2 裁縫屋

材料
貼布縫用布、裝飾屋瓦用布　適量
底布（米色 合計）　寬40cmx45cm
棉襯　寬50cmx50cm
裡布　寬50cmx50cm
屋頂用布（棕色格紋）寬45cmx25cm
滾邊布　寬3.5cmx40cm的斜紋布
8號繡線適量

※原寸紙型A面。

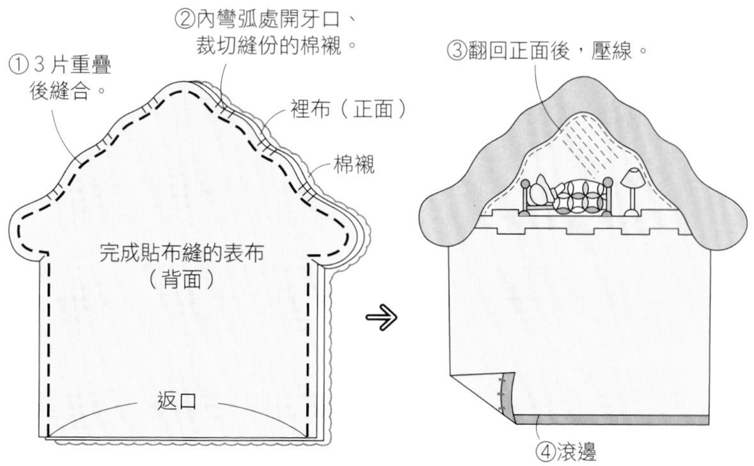

作法

1 基底布接合。依屋瓦圖樣、蘇姑娘、屋頂的順序製作表布。

2 刺繡。

3 表布與裡布、棉襯對齊後，縫合周圍。

4 翻回正面後，作假縫，壓線。

5 返口進行滾邊。

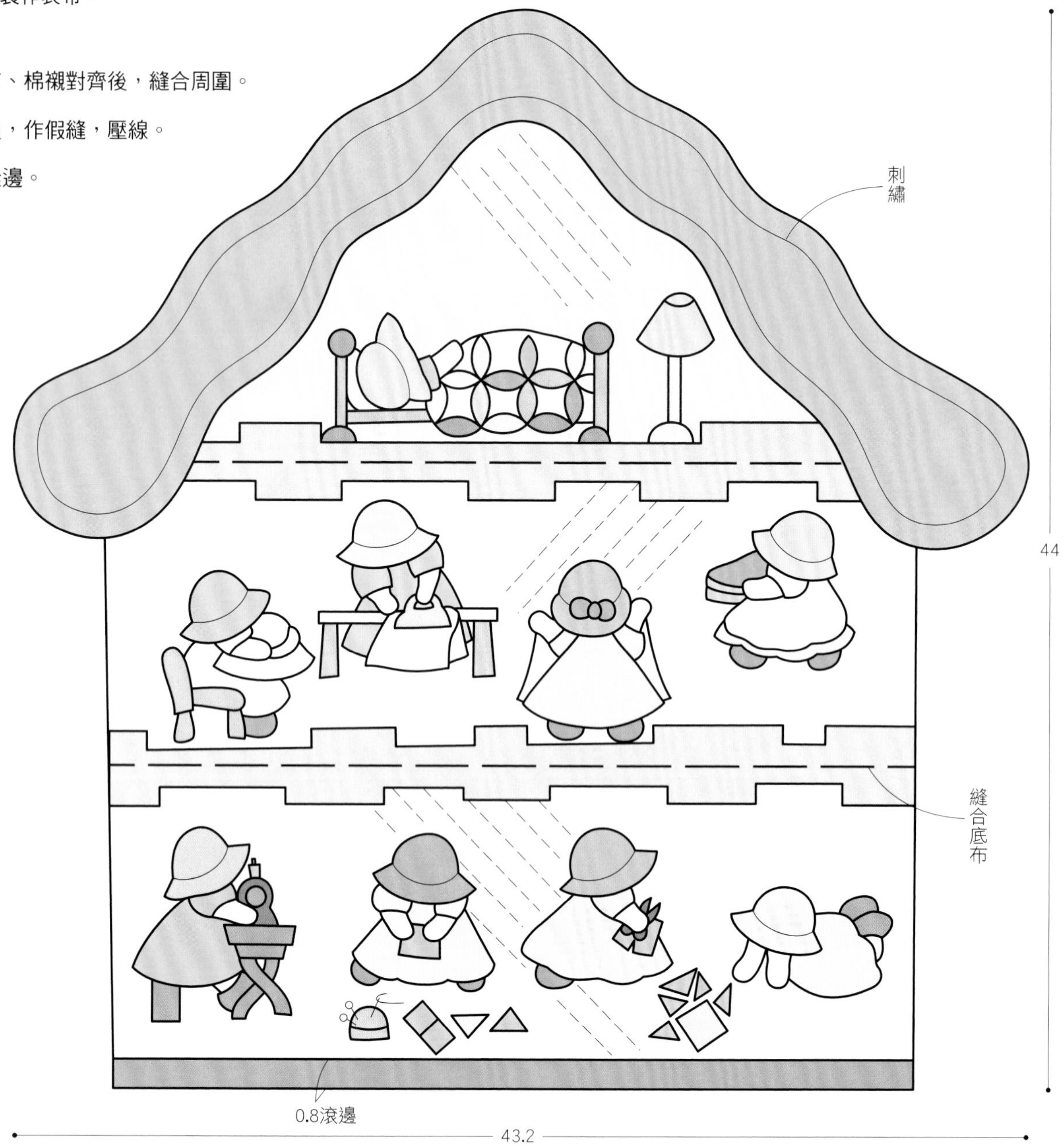

材料
貼布縫用布　適量
底布　寬45cmx50cm（米色 合計）
棉襯　寬45cmx50cm
裡布　寬45cmx50cm
滾邊布　寬3.5cmx140cm的斜紋布
波浪形織帶（寬1cm）145cm
8號繡線　適量

※原寸紙型B面。

作法

1. 接合底布。作記號，從下方的布片開始進行貼布縫。
2. 刺繡，製作表布。
3. 表布與棉襯、裡布接合後，壓線。
4. 在完成線縫上波浪織帶。
5. 周圍滾邊。
6. 在波浪形織帶上刺繡。

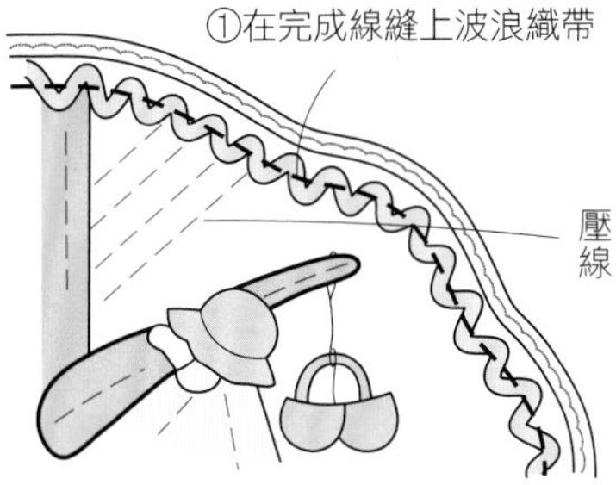

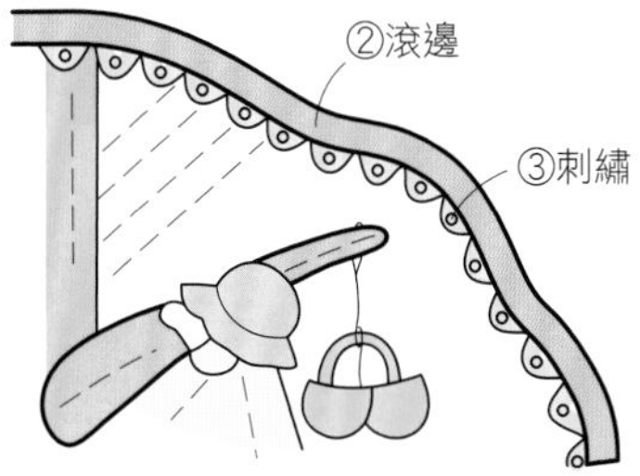

鄉村小屋
四季壁飾

春

拼接風的橫向長形壁飾──「春」。寒冬結束，進入令人興奮的季節。美麗綻放的櫻花及溫暖的風邀請著蘇姑娘們，大家在外面玩得不亦樂乎。要完成圖案好像有點困難，但只要好好地縫合完成線，在凹處開牙口，作法比想像中簡單。

作法 P.64

4

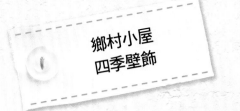

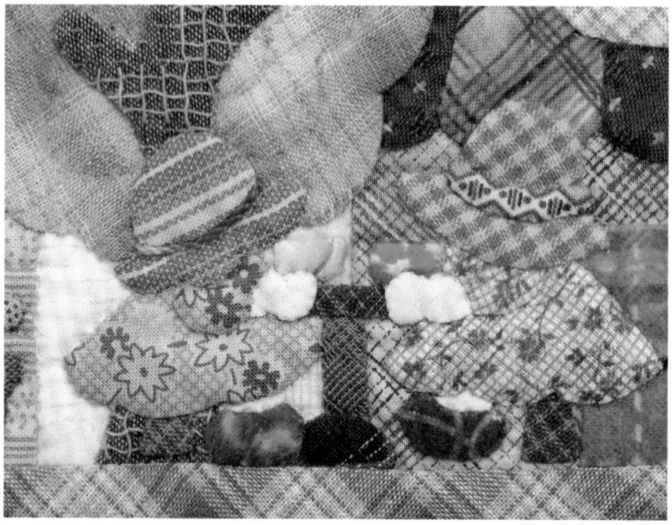

溫暖有活力的春天，在咖啡店的戶外座位區喝茶、出外野餐。有趣的事可多著呢！

夏

拼接風的橫向長形壁飾──「夏」。陽光閃耀的眩目季節。洗好的衣物一下就晾乾，令人心情愉快。遮陽傘下的蘇姑娘，正喝著飲料，小歇片刻。

作法 P.64

5

穿著無袖洋裝的可愛蘇姑娘。布料的挑選也很講究。

鄉村小屋
四季壁飾

秋

拼接風的橫向長型壁飾──「秋」。是食物美味&收穫的季節。這個季節裡也有很多像萬聖節一樣令人開心的活動！

作法 P.65

6

稻草人、南瓜，還有蘋果……將許多秋天的主題配置在拼布中。

冬

拼接風的橫向長型壁飾──「冬」。街道是全白的雪景，描繪出白色聖誕節，讓人更加期待打開禮物的時刻！

作法P.65

7

滑雪、製作聖誕裝飾……雖然是寒冬，但還是進行戶外活動最好玩了！

8

小餐館

小時候，最喜歡玩開店的扮家家酒。店鋪作成小尺寸的壁飾。在有很多美味菜單，喜愛的小餐館裡，蘇姑娘會點什麼料理呢？

作法 P.19

9

烘焙坊

最喜歡麵包的蘇姑娘，來買剛出爐的麵包。因為種類很多，每次都很猶豫。抱著裝滿袋的麵包，準備回家吧！

作法 P.17

10

蔬果店

來買晚餐食材的蘇姑娘。要作什麼菜呢？在蔬果店仔細的挑選新鮮的蔬菜……接著，要趕快到肉販那裡去！
「八百夢」這個名字和我的拼布商店「まざーず・どりー夢」有關係喔！

作法 P.17

店鋪系列

11

檸檬汁店

夏天炎熱的日子，與比利兩人一起喝冰涼清爽帶有甜味的檸檬汁。這家冷飲店是兩人很常去的店。

作法 P.18

12

海之家

來作海水浴的比利。在海之家要吃些什麼呢？ 拉麵、咖哩、關東煮看起來都很可口！大胃王的比利，一邊吃著冰棒，一邊想著要吃什麼呢！

作法 P.18

13

服飾店

可愛的衣服排列一整排，喜歡的服飾店。裡頭有圍巾及洋裝……想要的東西是永無止盡的啊！讓人想把整間店都包下。

作法 P.19

14

鞋店

時尚的蘇姑娘最喜歡鞋子了！試穿鞋子看起來非常開心。搭配身上的衣服，挑選出最美麗的一雙鞋吧！

作法 P.16

P.12 8 至P.15 14 造型店鋪

材料（共用）

貼布縫用布　適量
底布　寬35cmx25cm
棉襯　寬35cmx25cm
裡布　寬35cmx25cm
滾邊布　寬3.5cmx35cm的斜紋布
8號繡線、25號繡線、裝飾品適量

※原寸紙型C・D面。
※除了指定部位之外，刺繡皆為8號繡線，取1股線

作法

1 接合底布。進行貼布縫，完成表布。

2 刺繡。

3 表布與裡布、棉襯對齊後，縫合周圍。

4 翻回正面後，假縫，壓線。

5 返口滾邊。

P.15 14 鞋店

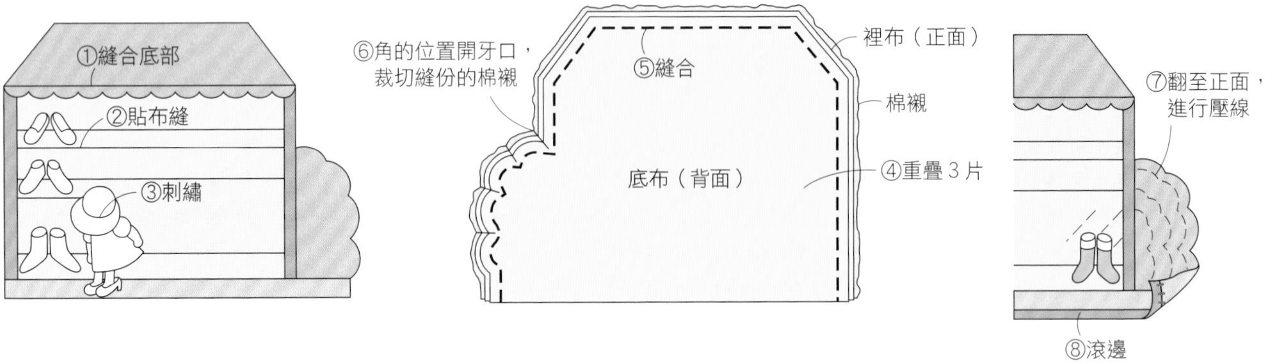

※刺繡使用8號、25號繡線

P.13 **9** **烘焙坊**

※使用8號繡線

P.13 **10** **蔬果店**

※使用25號繡線

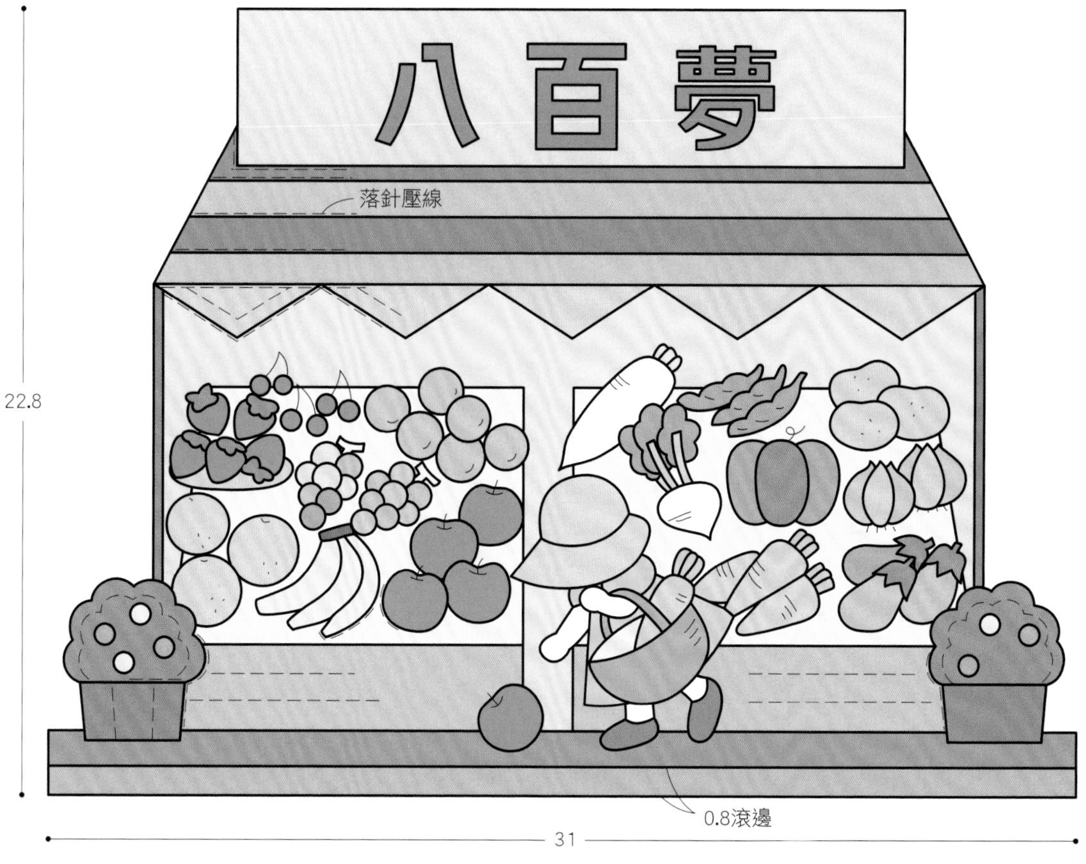

P.14 11 檸檬汁店

※使用8號、25號繡線

P.14 12 海之家

※使用25號繡線

P.15 **13** **服飾店**

※使用8號繡線

P.12 **8** **小餐館**

※使用8號、25號繡線

包包

拼接風
貼布縫口袋包

在樹蔭下悠閒乘涼的蘇姑娘們，作成口袋圖案，製作成拼接風貼布縫，能感受到玩心。尺寸稍大的肩背包非常使用且方便。

作法 P.22

15

開口使用拉鍊。
拉鍊前端以四合釦固定。

化妝肩背兩用包

前口袋使用拉鍊製作，放入貴重品也能安心。
主題是與小狗玩耍的蘇姑娘，寬隔間的包包。
拆下把手，也可以當作化妝包使用。

作法 P.24

16

材料

各式表布合計　寬110cmx40cm
貼布縫用布　適量
側身用布　寬65cmx25cm
裡布　寬110cmx40cm
棉襯　寬110cmx40cm
滾邊布　寬3.5cmx70cm的斜紋布
雙面膠襯　寬50cmx20cm
包釦（直徑1.5cm）2個
拉鍊（32cm）1條
D形環（內徑1.5cm）2個
四合釦（直徑1.2cm）1個
肩背帶　1條
8號繡線　適量

※原寸紙型B面。

拉鍊2片（側身用布）

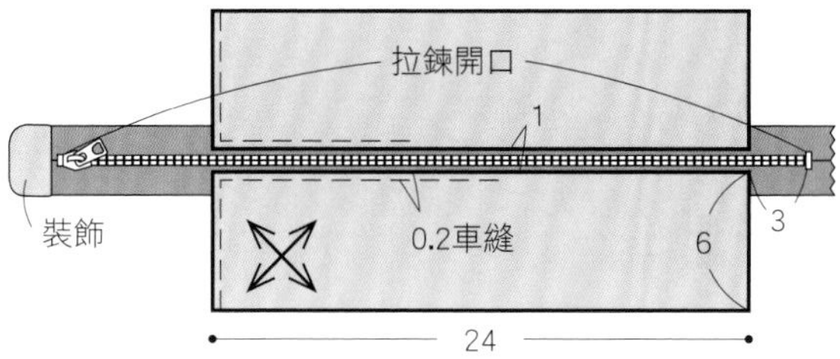

前袋布１枚（表布・棉襯・裡布）
口袋1片（表布・棉襯・裡布）

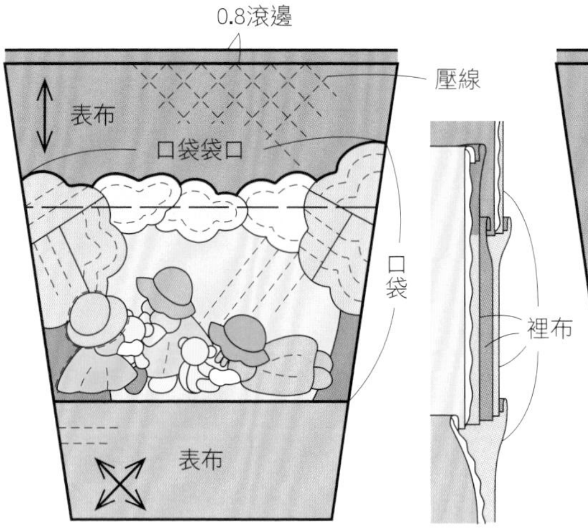

後袋布1片（表布・棉襯・裡布）

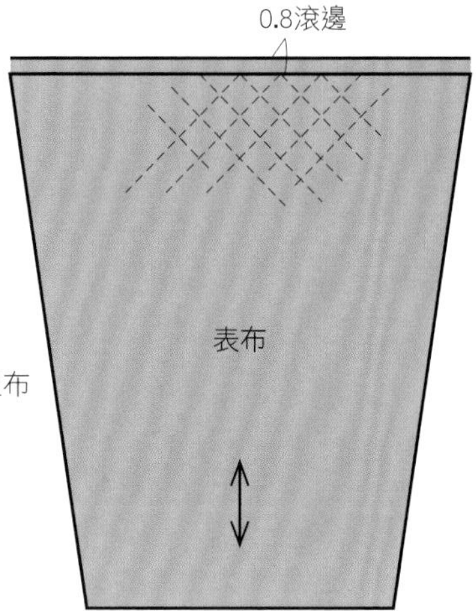

側身2片（表布・棉襯・裡布）

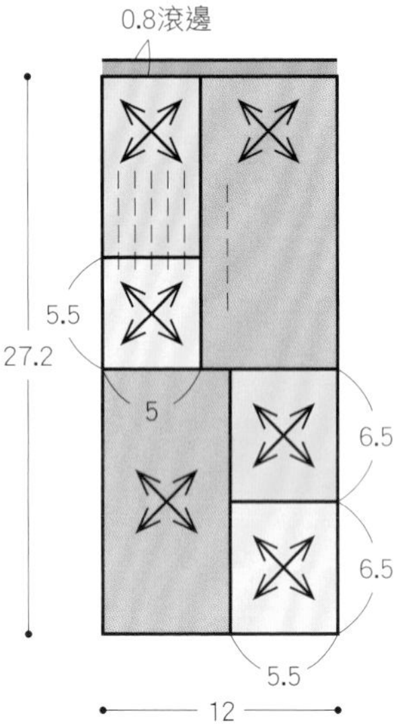

底部1片（表布・棉襯・裡布）

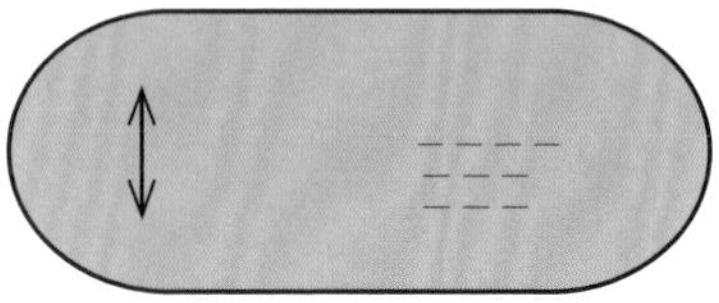

作法 1 前袋布壓線，下方加上裡布。

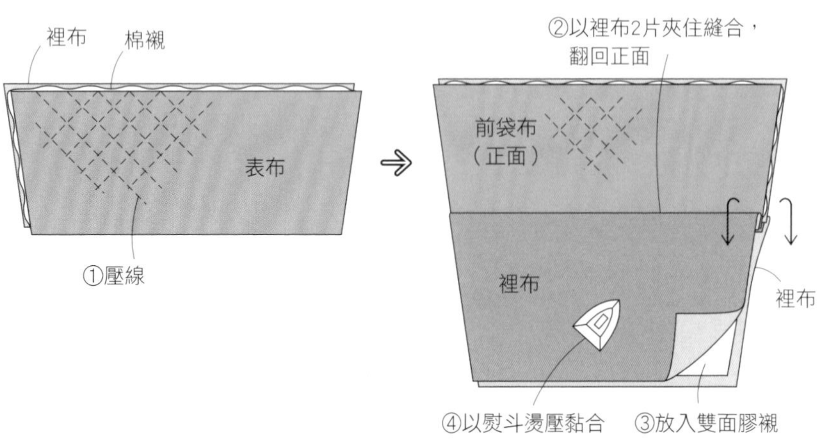

2 縫合口袋袋口，翻回正面，壓線

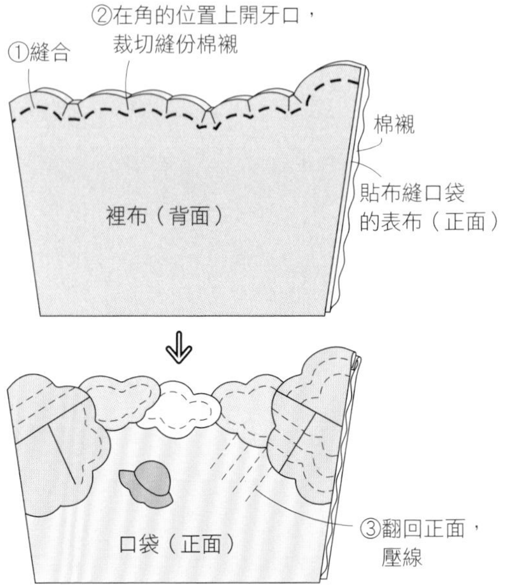

3 在前袋布縫上口袋。縫合袋布下方後壓線

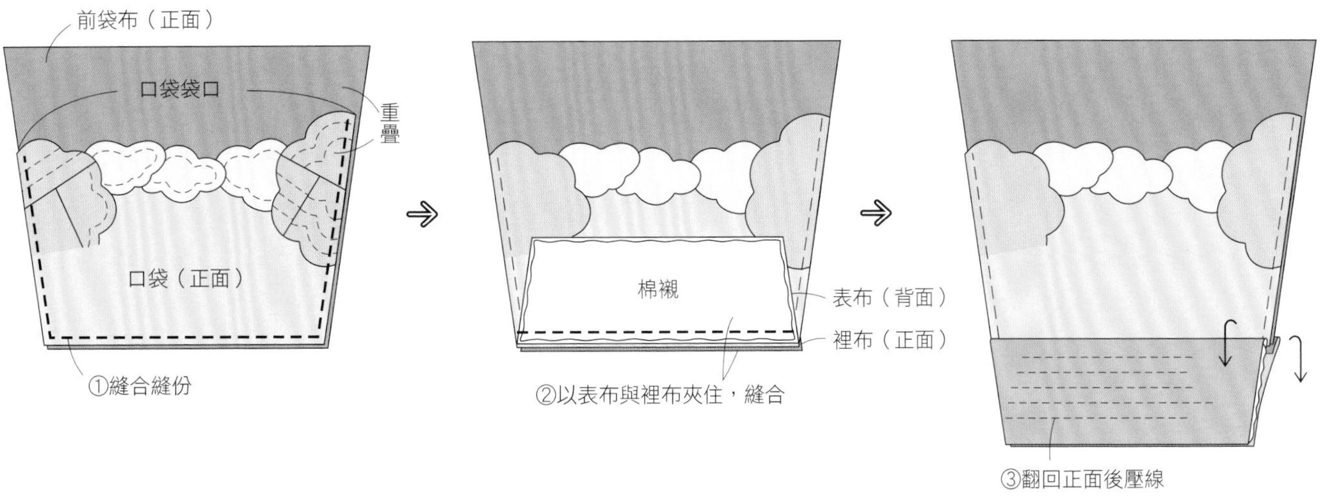

4 縫合側身後壓線。與袋布縫合後，作成筒狀。

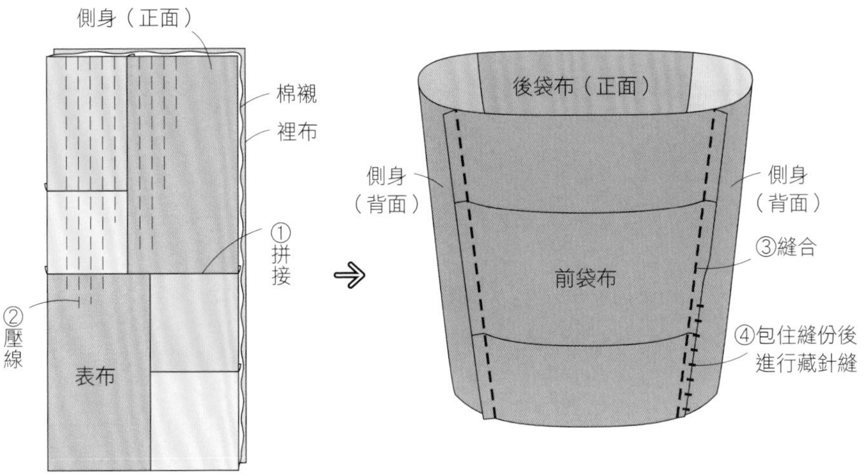

5 底部與袋布縫合。縫合內底。

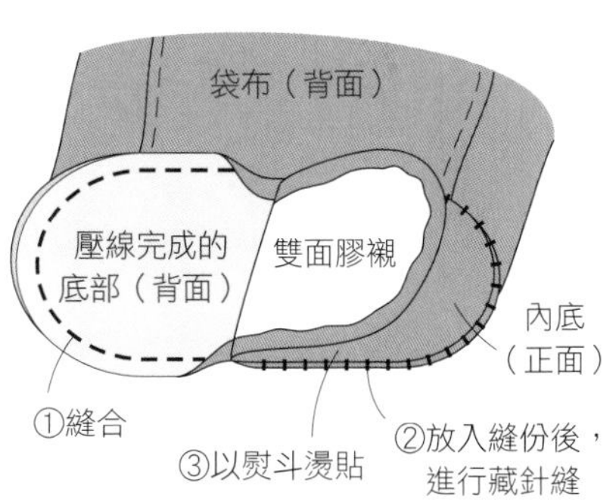

6 口布縫上拉鍊，加上裝飾。

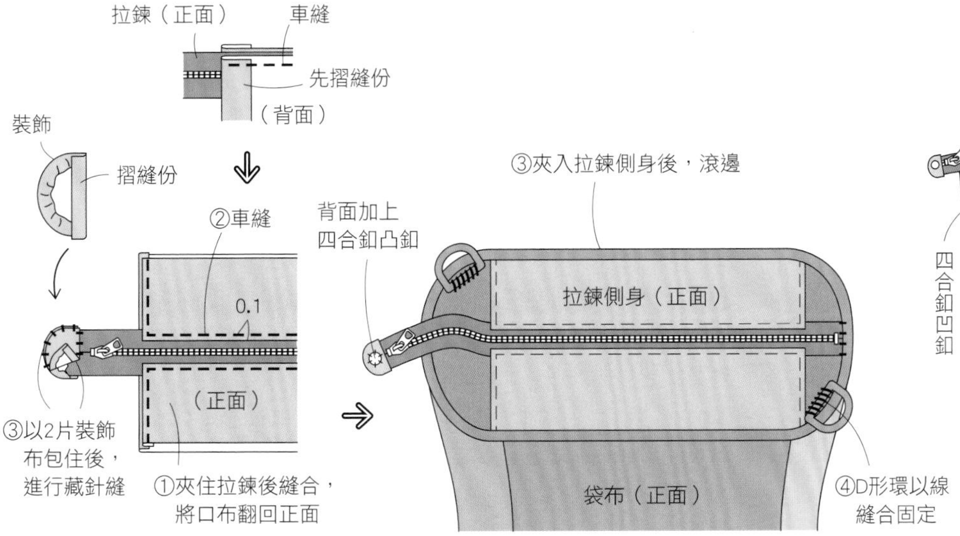

7 口布與袋布縫合，滾邊。

完成

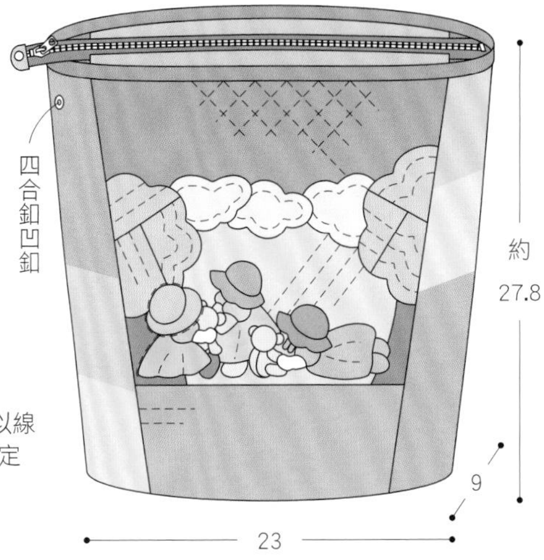

16 化妝肩背兩用包

材料

貼布縫用布　適量
表布（各種合計）寬60cmx60cm
棉襯　寬90cmx40cm
裡布　寬90cmx40cm
滾邊布　寬3.5cmx135cm（周圍）
滾邊布　寬3.5cmx30cm　3條
（放入口及口袋袋口）
膠襯　寬10cmx5cm
雙面膠襯　寬30cmx20cm
拉鍊（25cm）2條
D形環（內徑2.5cm）2個
8號繡線　適量
肩背帶　1條

※原寸紙型B面。

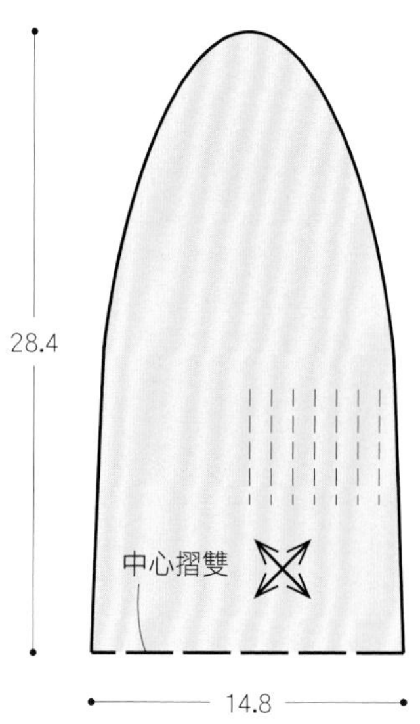

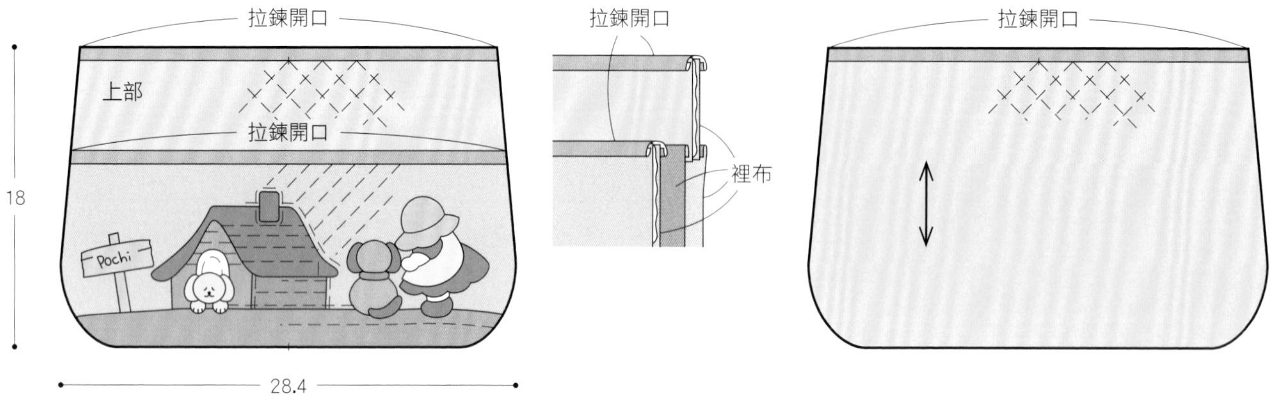

作法

1 口袋進行貼布縫。壓線，袋口滾邊。

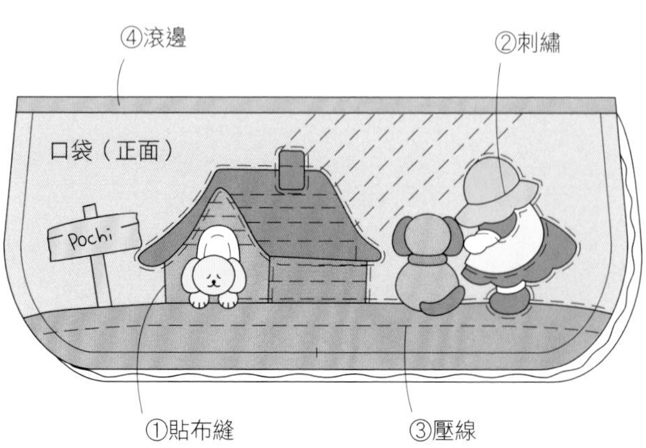

2 袋布上部壓線，以裡布夾住後車縫。

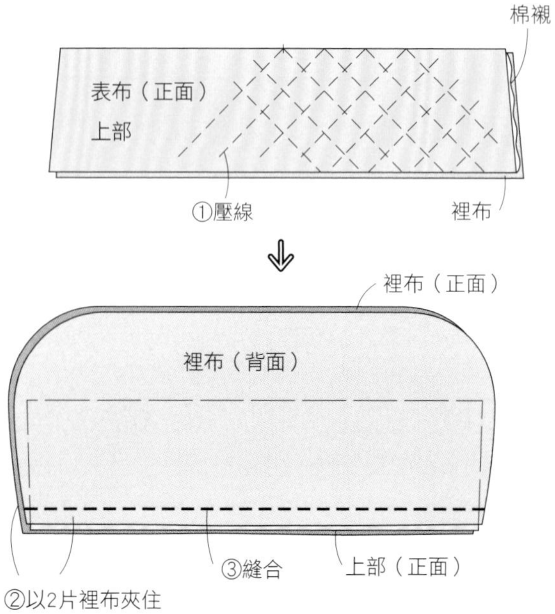

3 翻回正面，縫合固定拉鍊。縫合口袋與拉鍊。

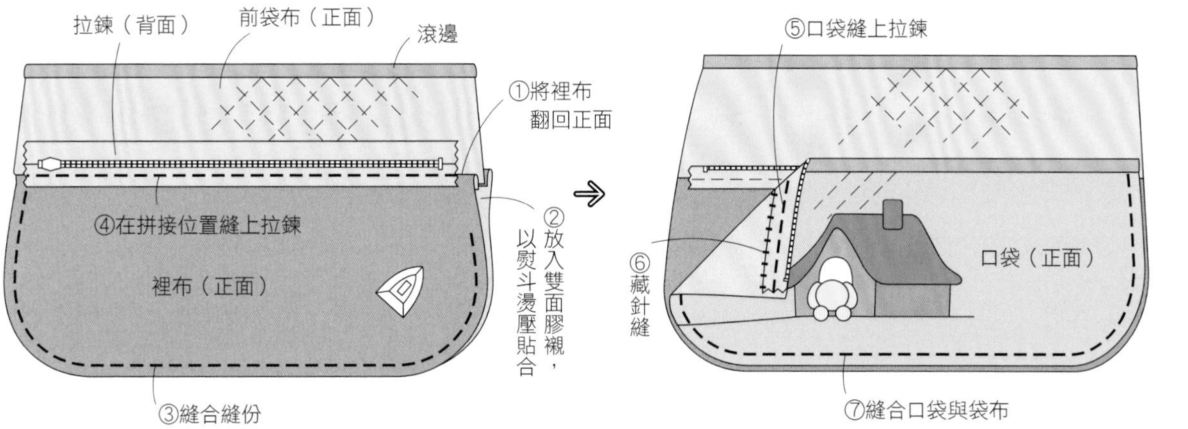

5 後袋布壓線。袋布縫上拉鍊。

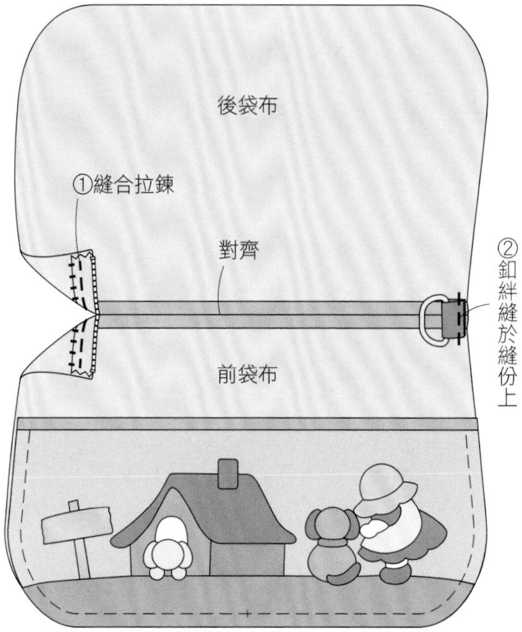

4 縫合釦絆，翻回正面後，穿過D形環。

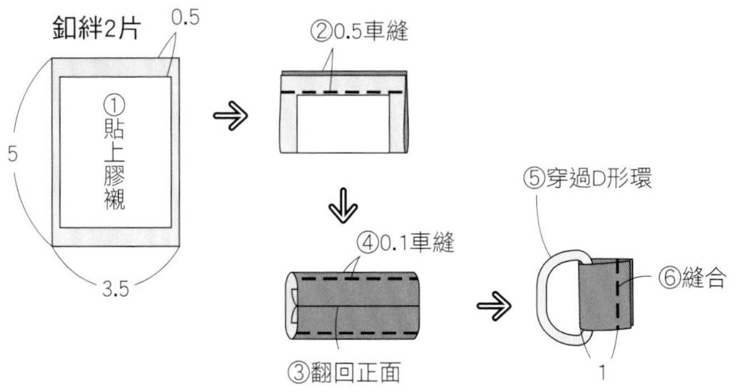

6 側身壓線。縫合袋布。

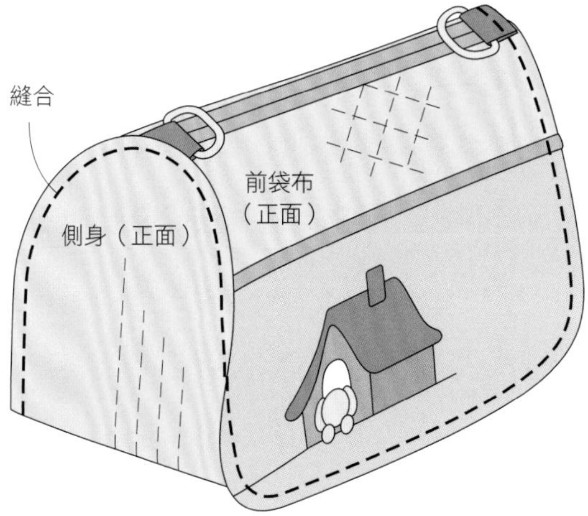

7 周圍的縫份滾邊。

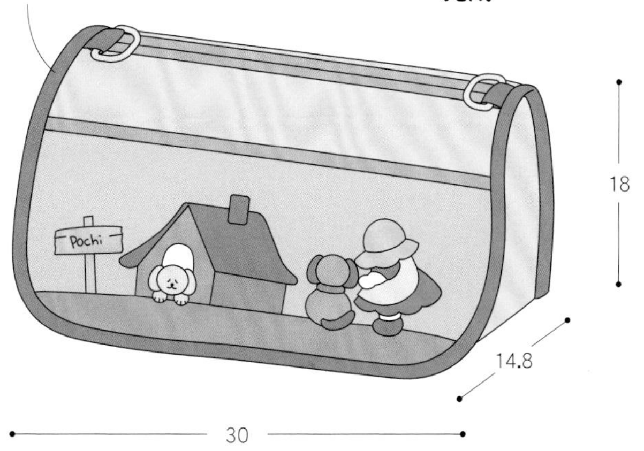

包包

骰子形手提袋

比想像中能放入更多物品的包包，作為平時購物使用，十分方便。若東西較多時，卸下包包裡的釦環後再使用。圖案中蘇姑娘手拿的氣球呈現立體的樣子。

作法 P.28

17

包包內有釦環，
卸下後兩邊空間會變大。

口金包

貼布縫的主題是蘇姑娘們居住的街道，可愛形狀的口金包。
各自有不同特色的房屋，光是欣賞就覺得很有趣。

作法 P.66

17 骰子形手提袋

材料
貼布縫用布　適量
表布（各種合計）寬95cmx50cm
棉襯　寬75cmx50cm
裡布　寬90cmx50cm
補強用布　寬3.5cmx90cm
固定釦環（3cm）1個
8號繡線　適量

※原寸紙型C面。

釦絆2片（裡布）

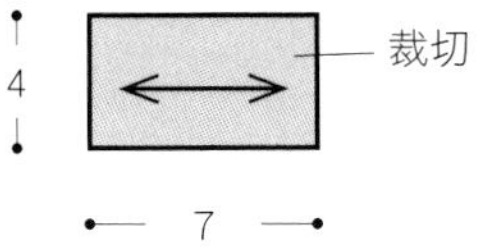

補強用布1片（裡布）

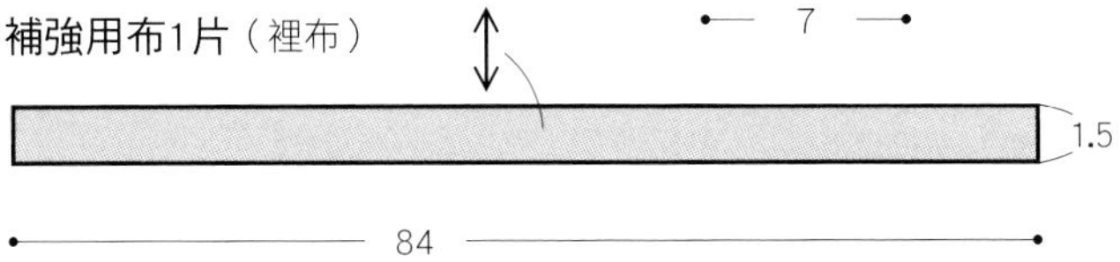

提把2條
（表布4片）

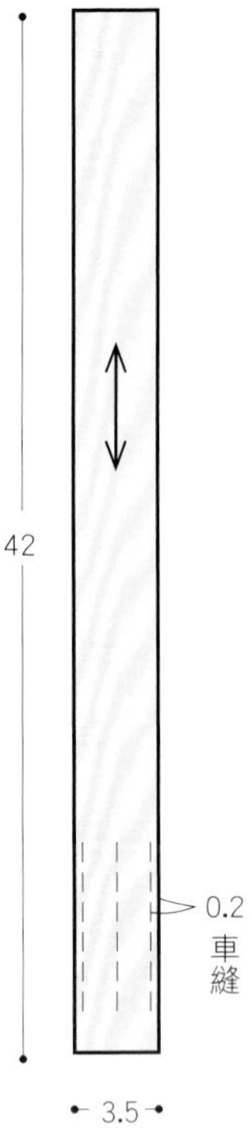

前袋布1片
（表布・棉襯・裡布）

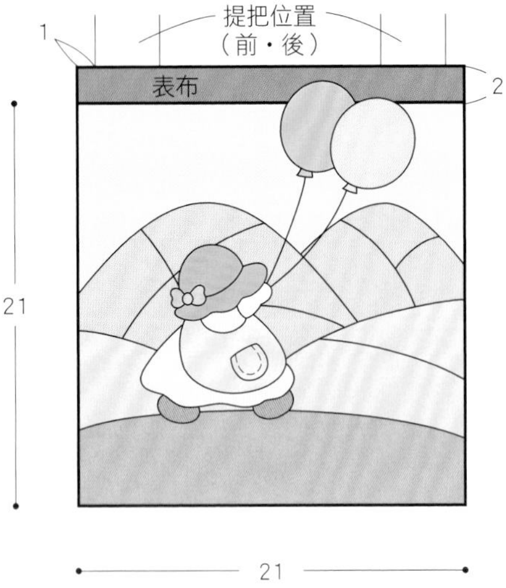

後袋布1片（表布・棉襯・裡布）
側面2片・底部1片（表布・棉襯・裡布）

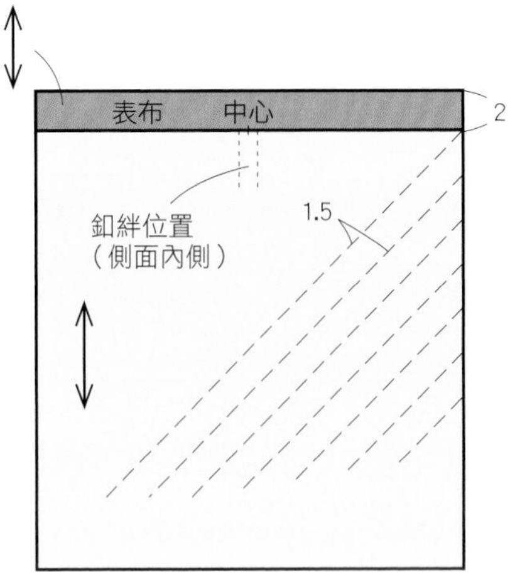

作法

1 前袋布進行貼布縫，壓線。後側、側面、底部壓線。
縫合側身後，側面、後側接合。

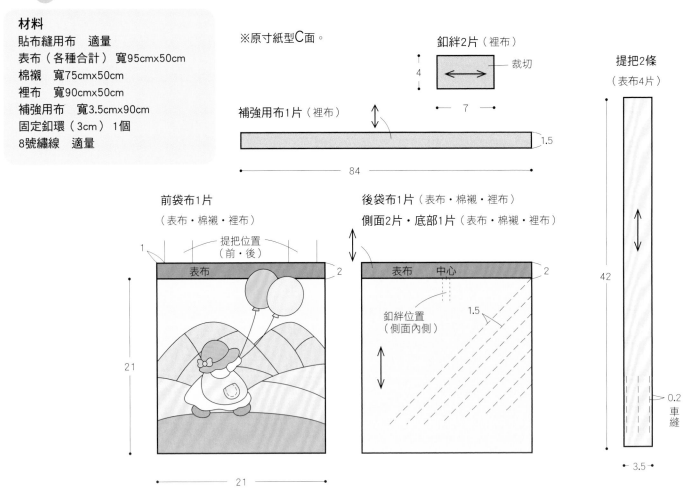

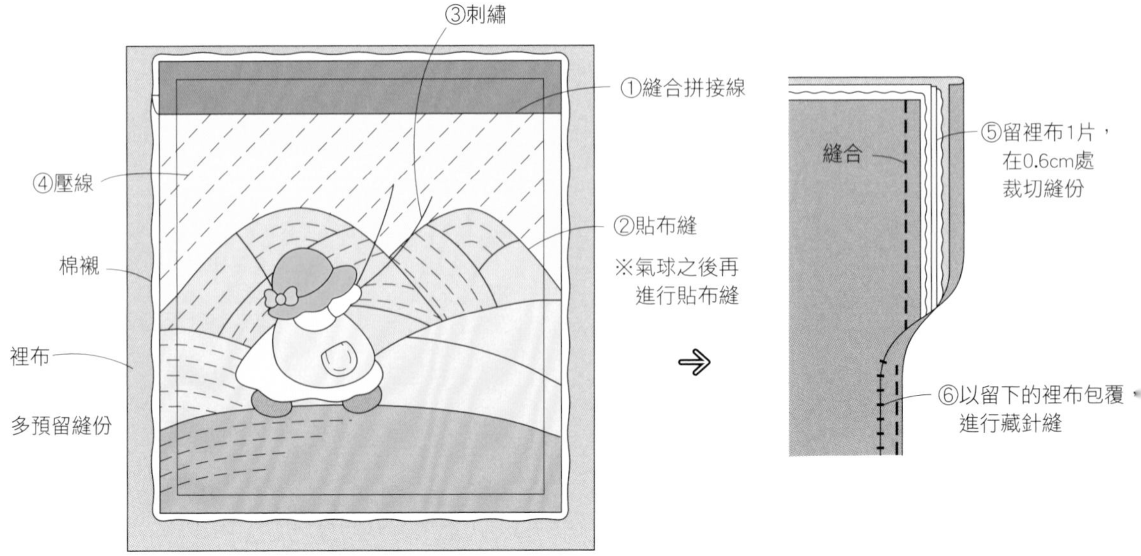

2 縫合提把，翻回正面後，縫合中心。前、後袋布縫合固定。

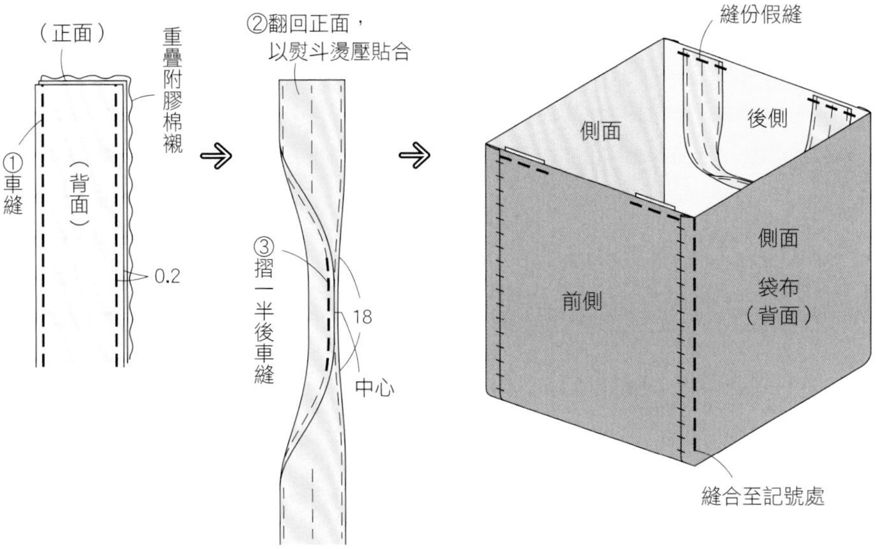

3 摺釦絆後縫合。裝上釦環，
縫合固定於側面。縫合底部。

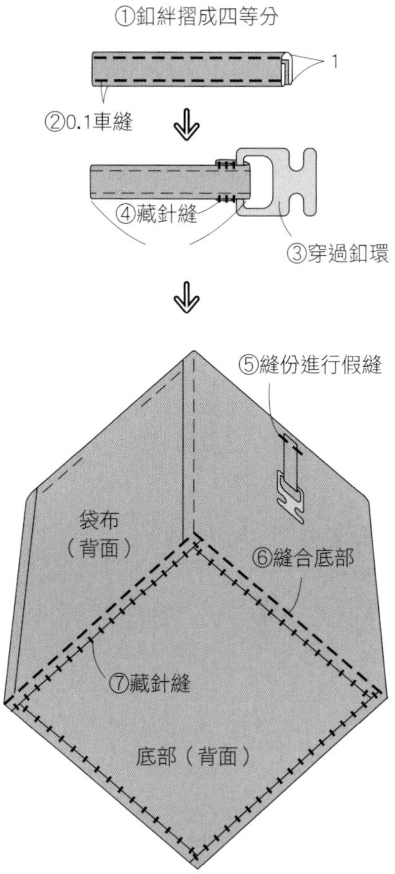

4 放入口縫上補強布。翻回正面後進行藏針縫。製作氣球，縫合。

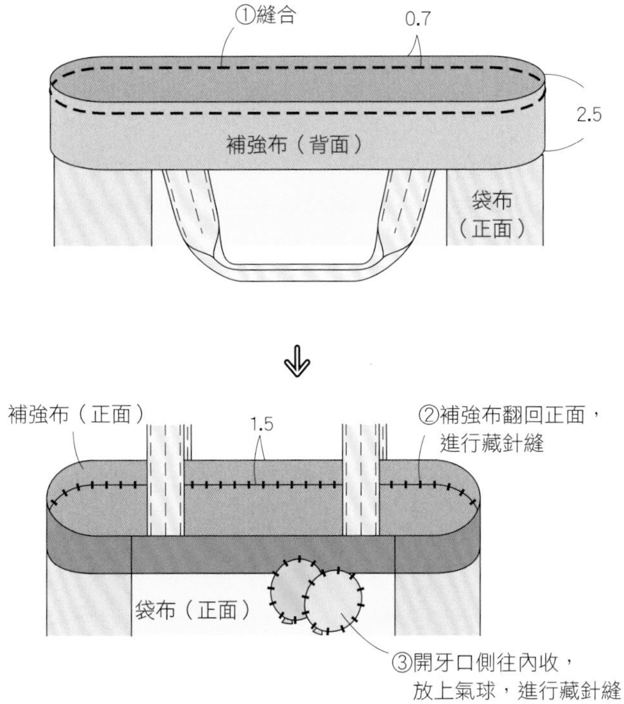

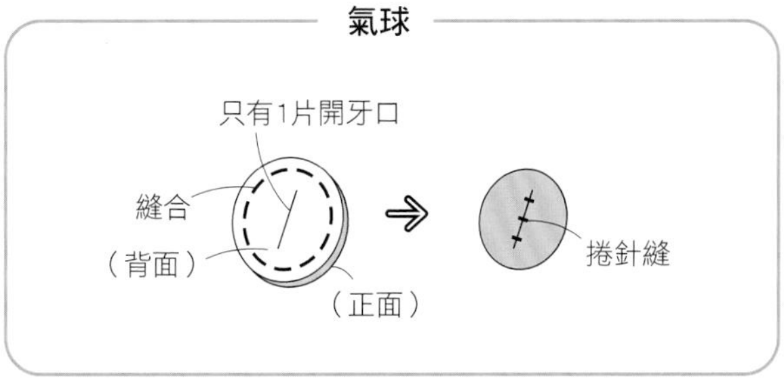

完成

蘇姑娘
造型化妝包

以一針一線縫合的蘇姑娘圖案作為化妝包主題。側身空間大，具有令人安心的收納能力。

作法 P.34

側身空間大，運用拉鍊的設計。

19

20

曬衣服造型
眼鏡盒

喜歡整潔乾淨的蘇姑娘，也很喜歡清洗衣物。袋口加入鐵絲，製作眼鏡盒。因為是輕巧的尺寸，更能簡便地放入包包中。

作法 P.76

因為在袋口加入鐵絲，形狀方正。
使用磁釦開闔。

花朵
面紙套

想要時尚的面紙套，就自己動手作吧！
以蘇姑娘用心栽種的花朵為設計概念。

作法 P.37

打開蓋子後使用。
能放入尺寸小的物品，
附口袋的設計。

21

包包中的
小物們

雨天的蘇姑娘
化妝包

因為撐著喜歡的雨傘，
蘇姑娘雨天也很喜歡散步。
可愛的小蝸牛也很有精神地一起散步呢！

作法 P.35

22

圓滾滾化妝包

將最喜歡的冰淇淋塞滿嘴巴的蘇姑娘，
玩跳繩的蘇姑娘，不亦樂乎！光是看著
就覺得內心感到平靜。

作法 No.23／P.36
No.24／P.36

23

24

加上可愛的拉鍊裝飾。

19 蘇姑娘造型化妝包

材料
貼布縫用布　適量
表布（各種合計）　寬70cmx30cm
棉襯　寬40cmx35cm
裡布　寬40cmx30cm
釦絆用布　寬20cmx20cm
拉鍊（24cm）1條
滾邊布　寬3.5cmx60cm
的斜紋布　2條
裝飾蕾絲織帶　適量
8號繡線　適量

※原寸紙型D面。

本體2片（表布・棉襯・裡布）

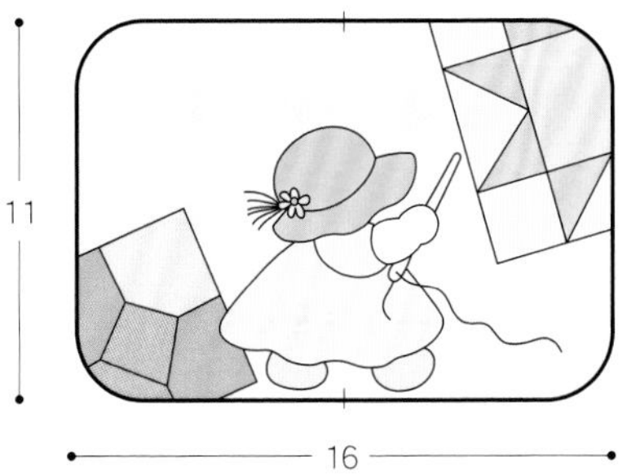

上側身2片（表布・棉襯・裡布）

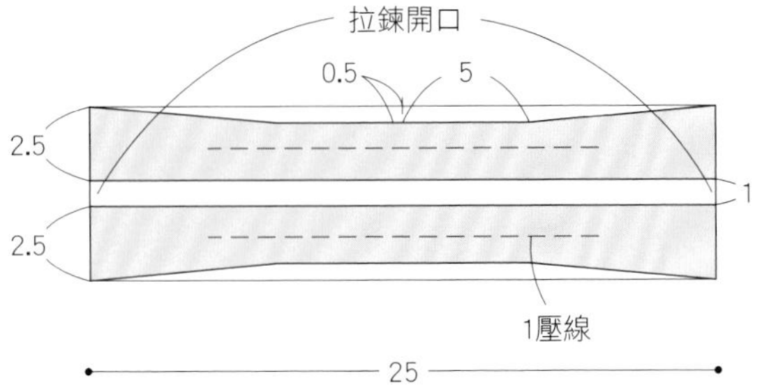

下側身1片（表布・棉襯・裡布）

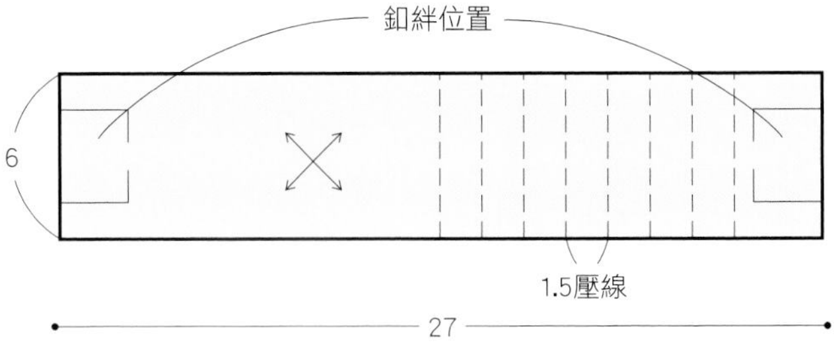

作法

1 表布進行貼布縫。
與棉襯、裡布重疊後，壓線。

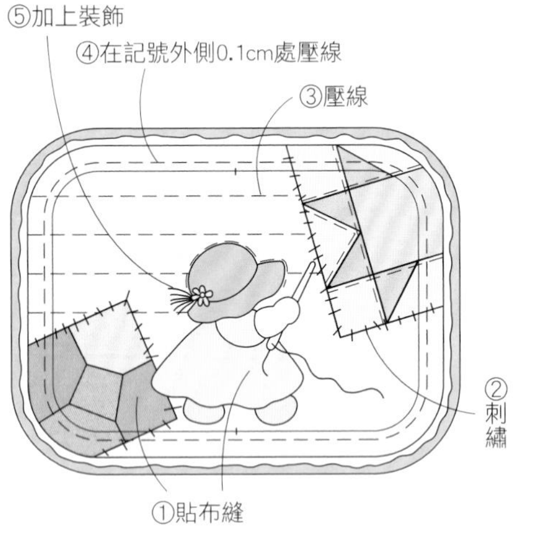

2 縫合釦絆，翻回正面。

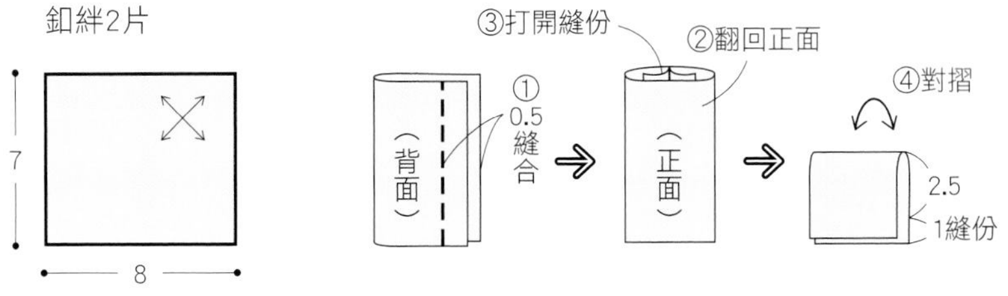

3 夾入拉鍊後，縫合上側身，翻回正面後壓線。

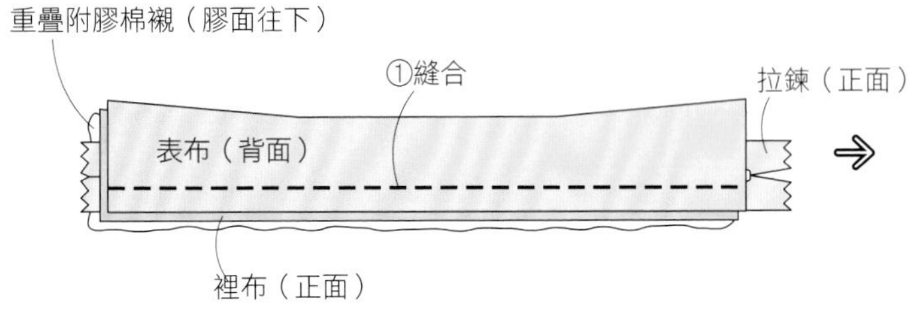

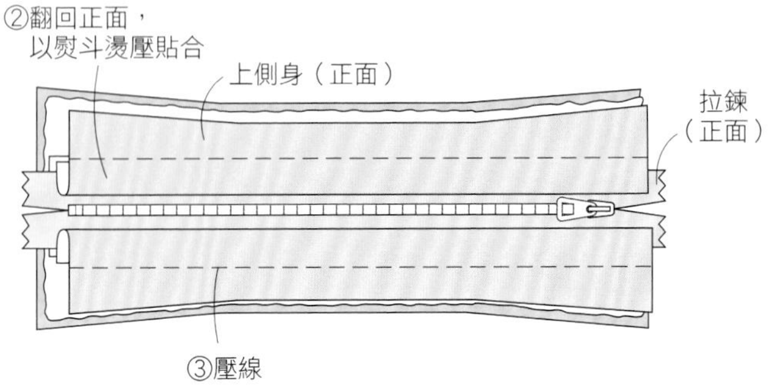

4 以下側身將上側身夾住後縫合，翻回正面後壓線。

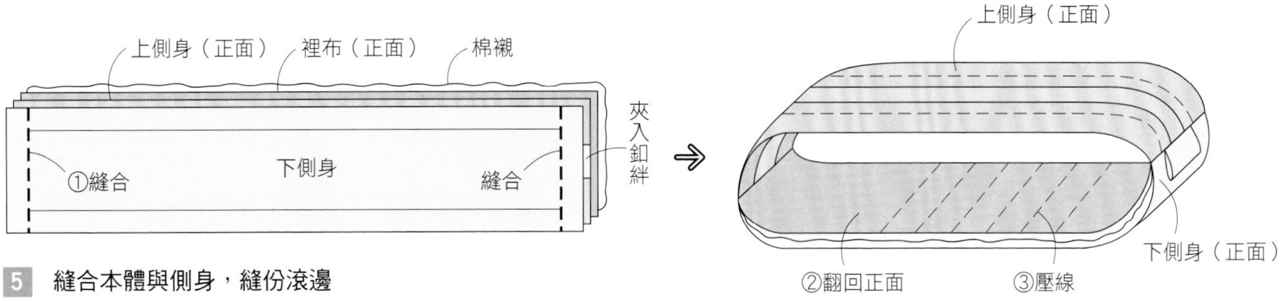

5 縫合本體與側身，縫份滾邊

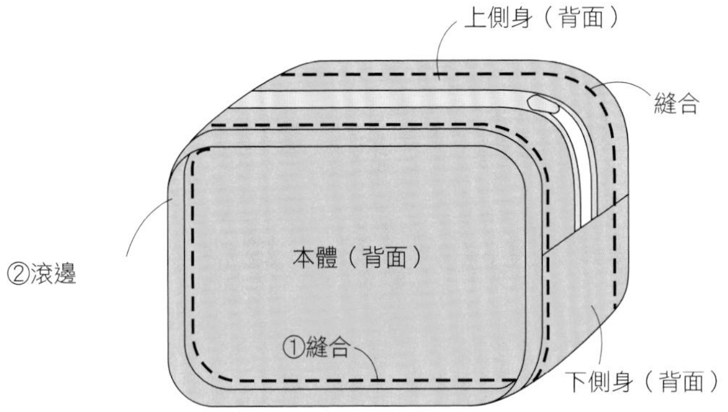

完成

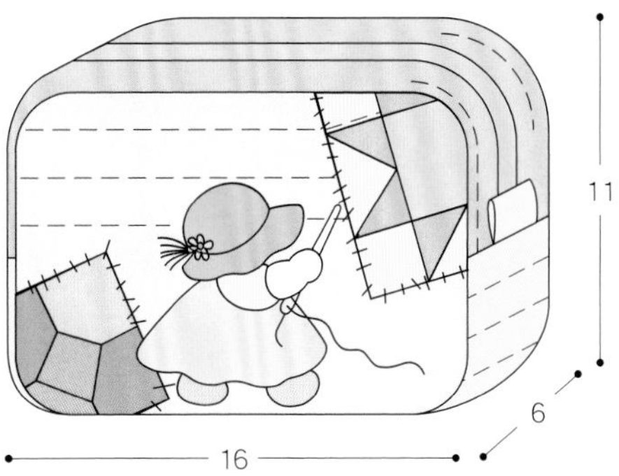

P.32 **22**

雨天的蘇姑娘化妝包

材料

貼布縫用布　適量
表布　寬20cmx30cm
棉襯　寬20cmx30cm
裡布　寬30cmx30cm
滾邊布　寬3.5cmx16cm的斜紋布2條
拉鍊（13cm） 1條
花朵裝飾（直徑3cm）2個
鈕釦（直徑1.1cm）2個
繩子（粗細0.2cm）6cm
8號繡線　適量

※原寸紙型A面。

袋布1片（表布・棉襯・裡布）

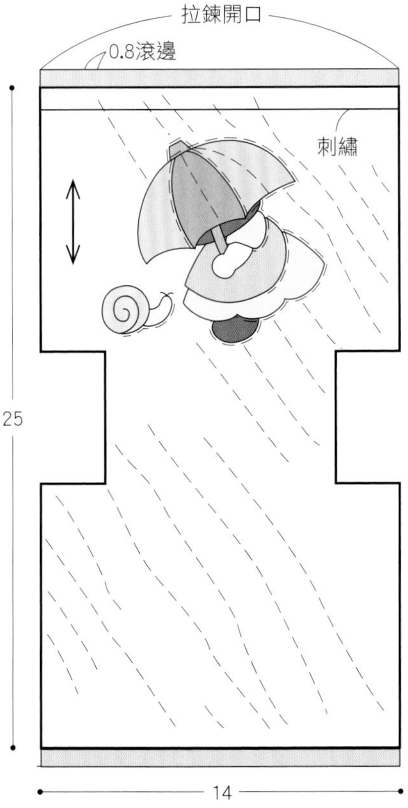

作法

1 進行貼布縫，壓線。袋口滾邊，加上拉鍊。縫合側身。

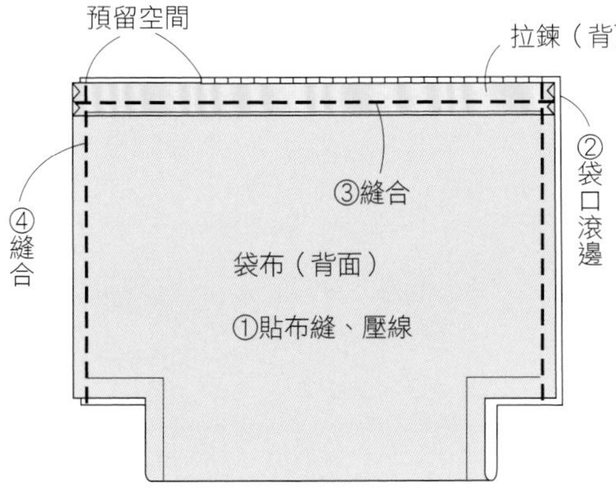

2 包住縫份。縫合側身。

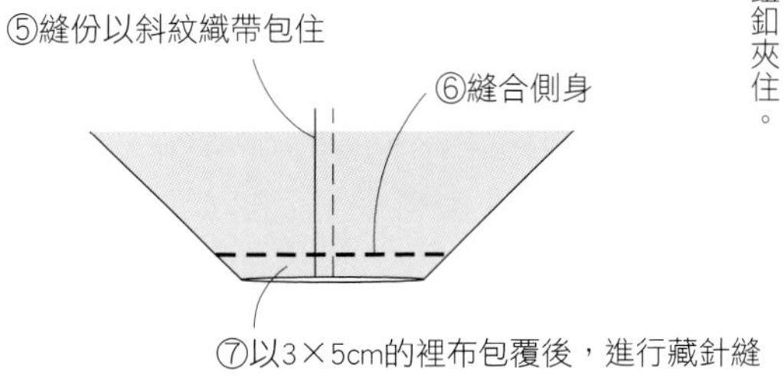

3 拉鍊加上裝飾。

完成

材料
貼布縫用布　適量
表布　寬25cmx35cm
棉襯　寬25cmx35cm
裡布　寬25cmx35cm
滾邊布　寬3.5cmx35cm的斜紋布　2條
拉鍊（20cm）1條
串珠（直徑0.3cm）1個（No.23）
包釦（直徑1.2cm）4個（No.23）
木製串珠（直徑1.8cm）1個（No.24）
8號繡線　適量

※原寸紙型A面。

23

袋布1片（表布・棉襯・裡布）

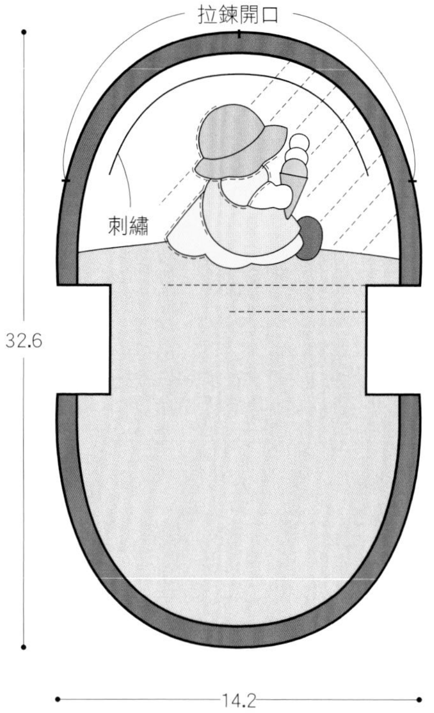

24

袋布1片（表布・棉襯・裡布）

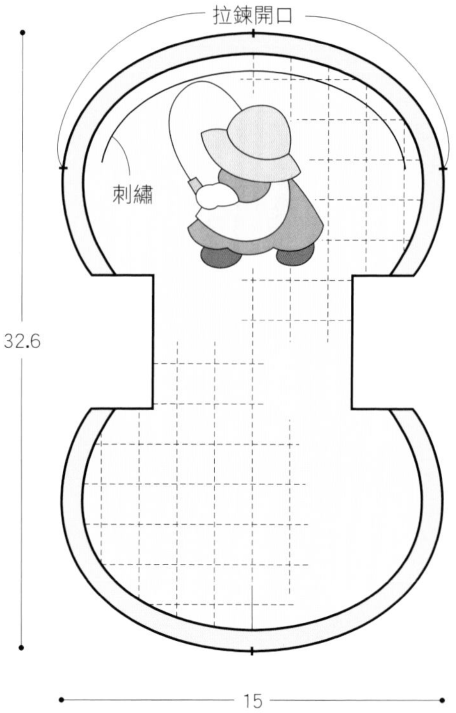

作法

1 表布進行貼布縫。
棉襯、表布重疊後壓線。

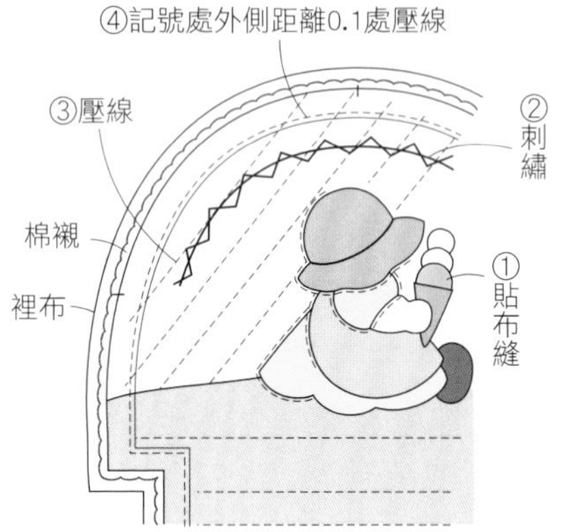

2 滾邊。縫合固定拉鍊。

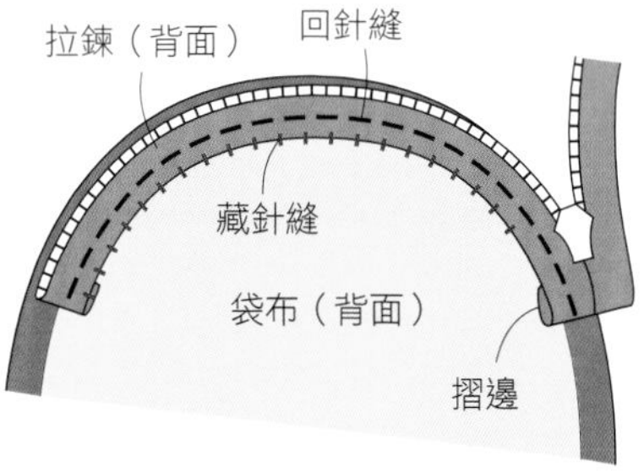

3 車縫兩側。

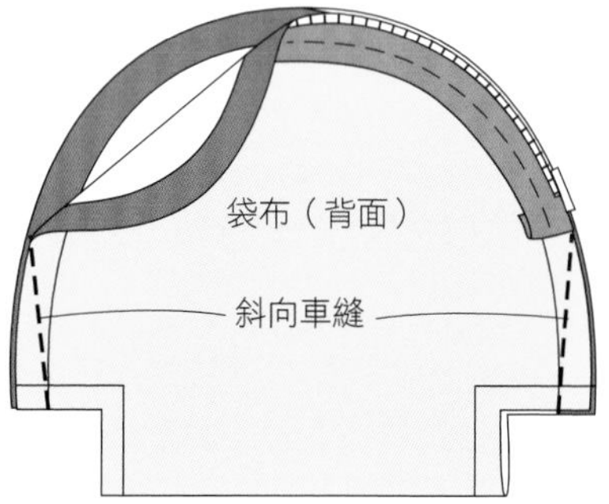

4 縫合側身

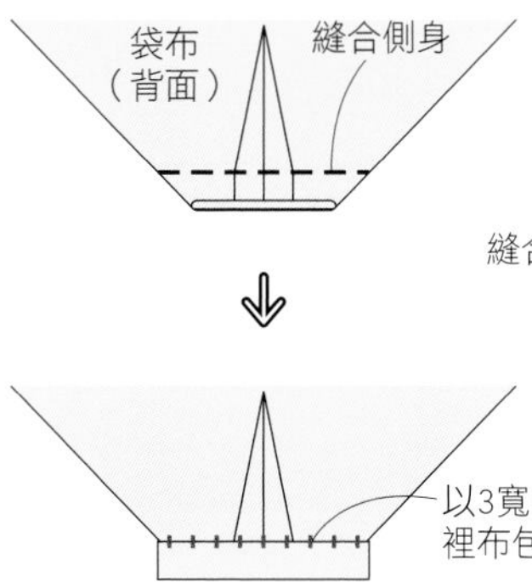

5 拉鍊加上裝飾

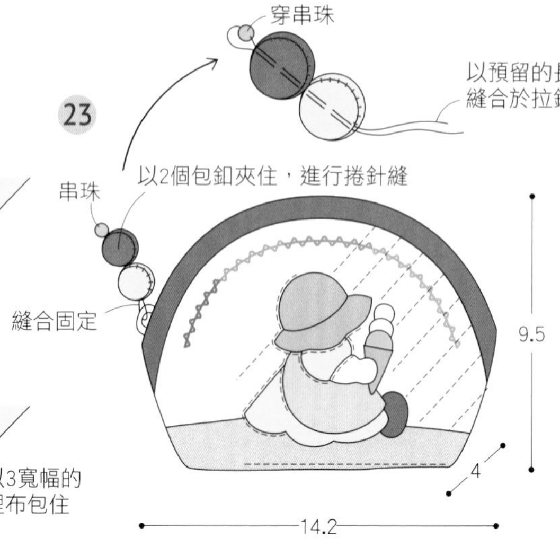

完成

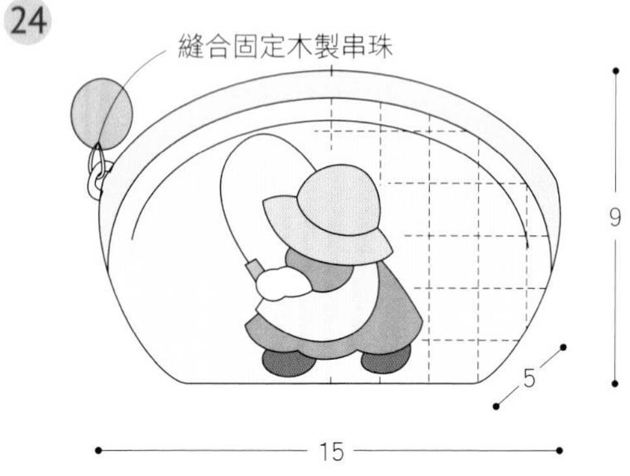

21 花朵面紙套

材料
貼布縫用布　適量
表布　寬15cmx70cm
膠襯（薄）寬15cmx70cm
包釦（直徑1.2cm）2個、（直徑1.5cm）2個
鈕釦（直徑1.5cm、0.5cm）各1個
8號繡線　適量

※原寸紙型D面。

本體1片（表布・棉襯）

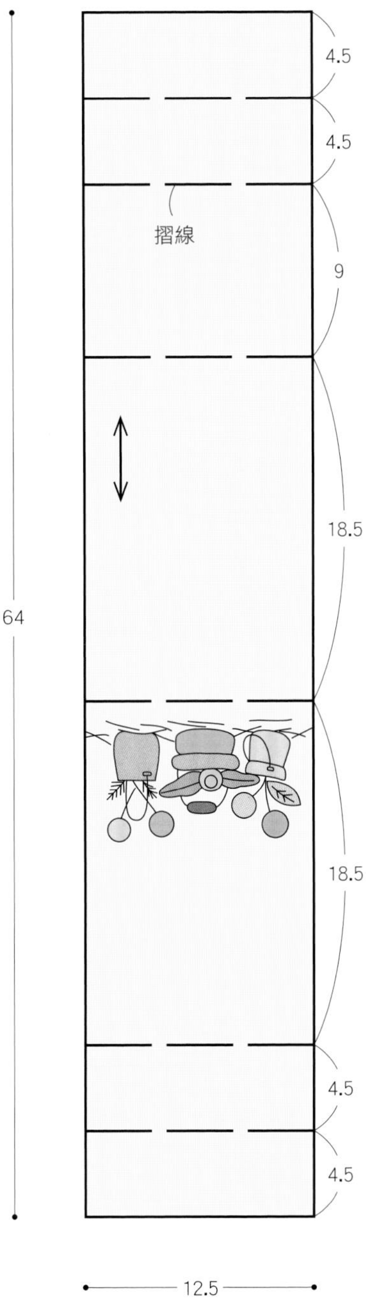

作法

1 表布貼上膠襯，進行貼布縫。摺好摺線。

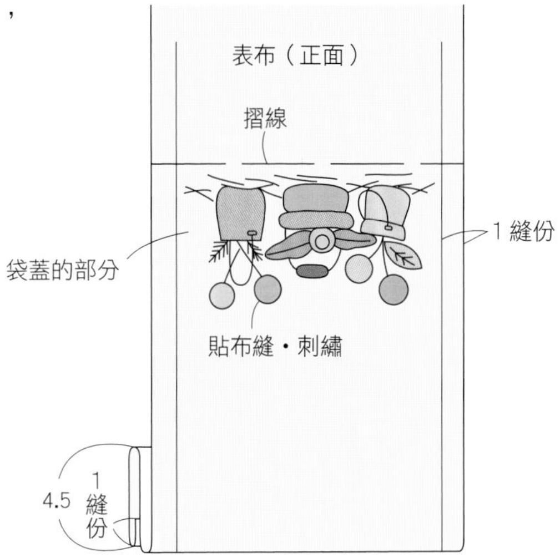

2 摺好摺線，縫合側身。

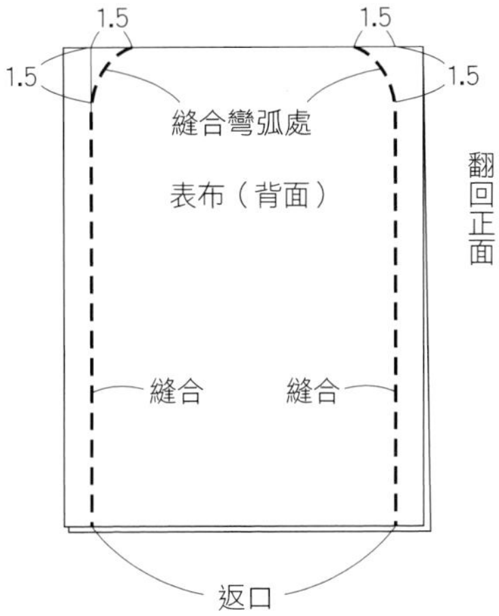

3 翻回正面。

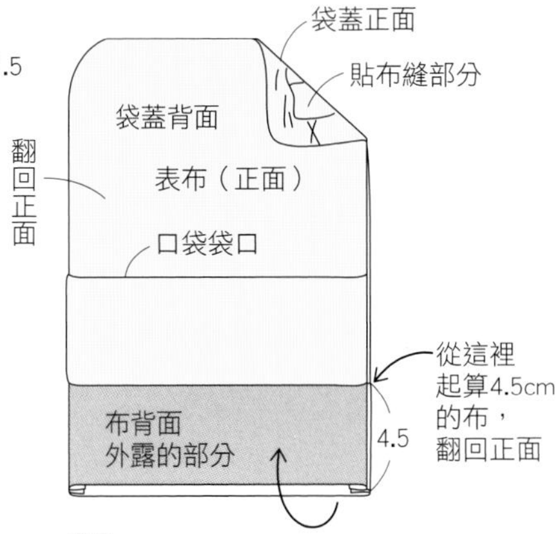

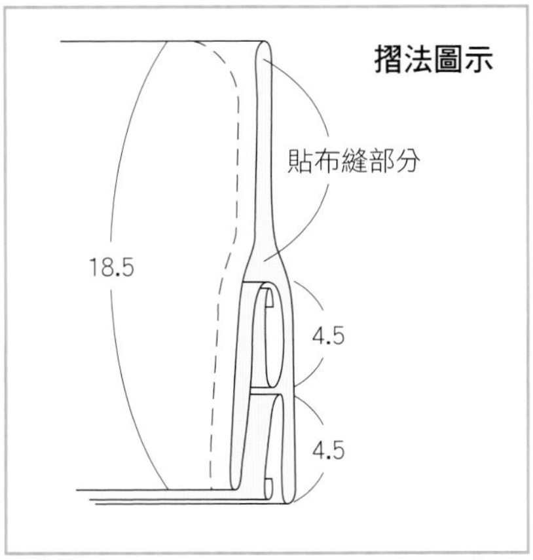

4 下方部分翻回正面。

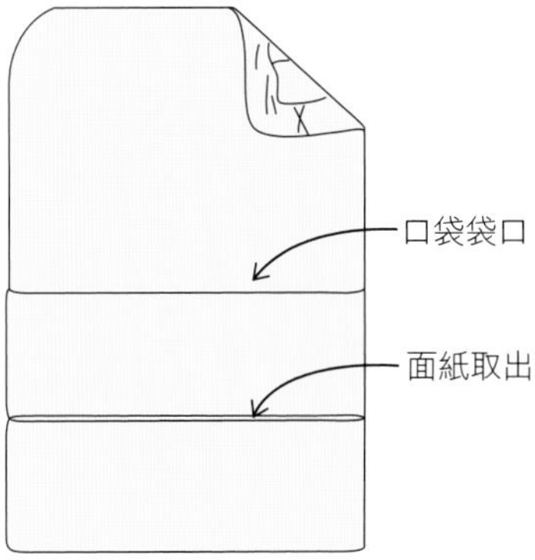

完成

25

書本形裁縫包

書本形裁縫包不使用拉鍊，作法簡單。是第一次玩手作也能挑戰看看的設計。

正面的圖案非常簡單，裝飾剪刀及布片的貼布縫就很可愛。

作法 P.40

後側

主題是進行
針線工作的蘇姑娘。

打開後，有許多可愛的口袋。將各自的口袋位置，製作放入物品的貼布縫。
容易辨識物品位置又饒富童趣的裁縫包。

充滿創意的收納，每個都很實用。

針插能取下使用。

25 書本形裁縫包

材料

貼布縫用布　適量
底布（各種合計）寬80cmx40cm
口袋、釦絆、袋布　適量
棉襯　寬35cmx25cm
裡布　寬35cmx25cm
滾邊布　寬3.5cmx105cm的斜紋布
繩子a（粗細0.2cm）40cm
繩子b（粗細0.1cm）40cm
魔鬼氈（直徑2.5cm）1組
手工藝用棉花　少許
膠襯　寬40cmx20cm
厚布襯　寬5cmx5cm
雙面膠襯　寬3cmx3cm
鈕釦a（直徑1.3cm）1個
鈕釦b（直徑0.6cm）1個
包釦（直徑2cm）1個
四合釦（直徑0.7cm）1組
磁釦（直徑1cm）1組
8號繡線　適量

※原寸紙型B面。

外側1片（表布・棉襯・裡布）

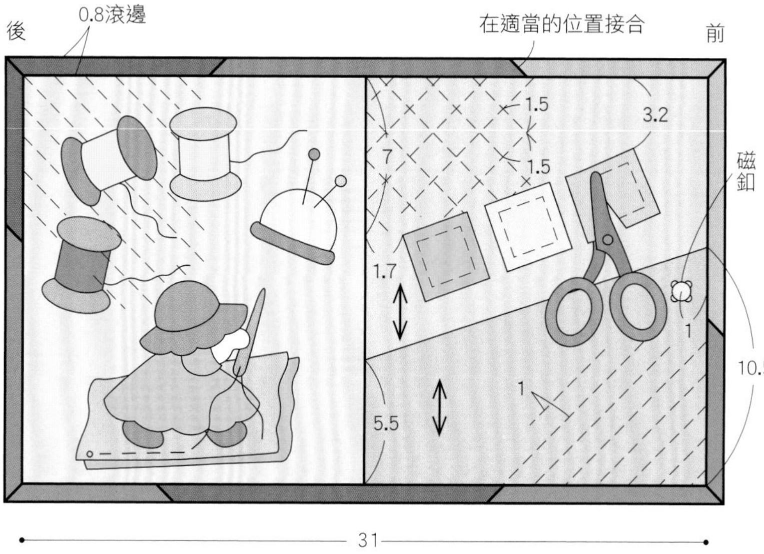

內側1片（表布・膠襯）

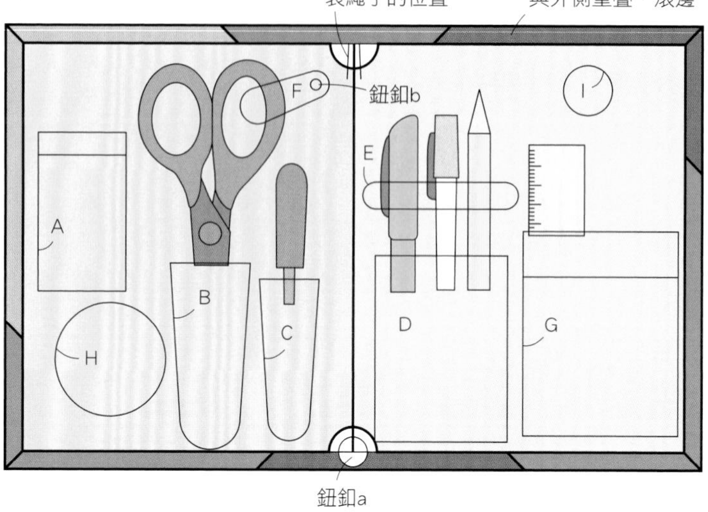

釦絆1片
（布2片・棉襯1片）

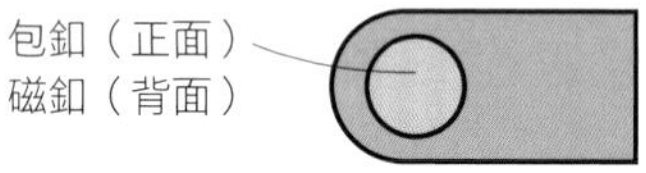

作法

1 縫合內側的各零件並製作。

A　針插

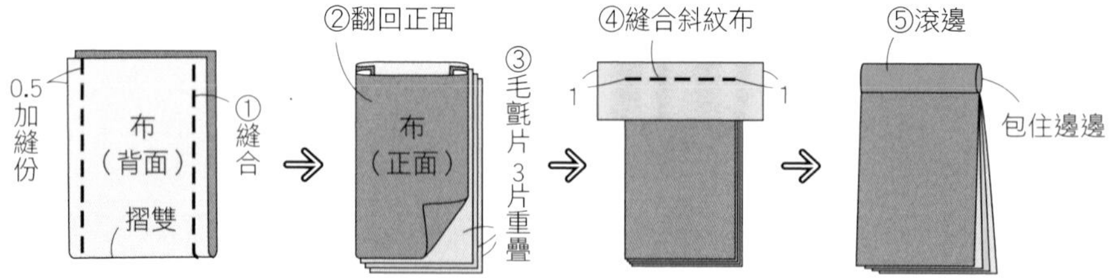

B・C　剪刀·錐子收納袋

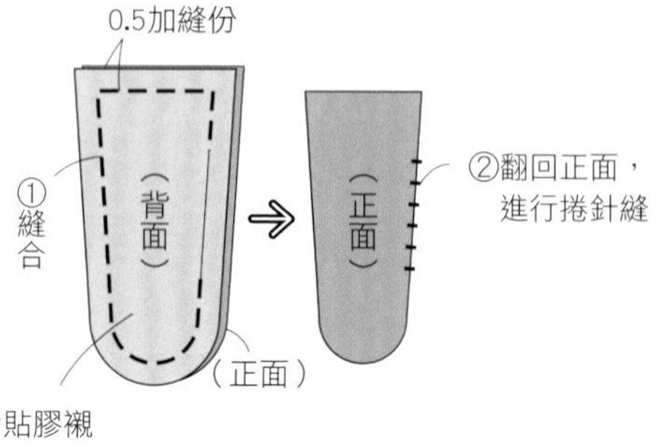

I　針插

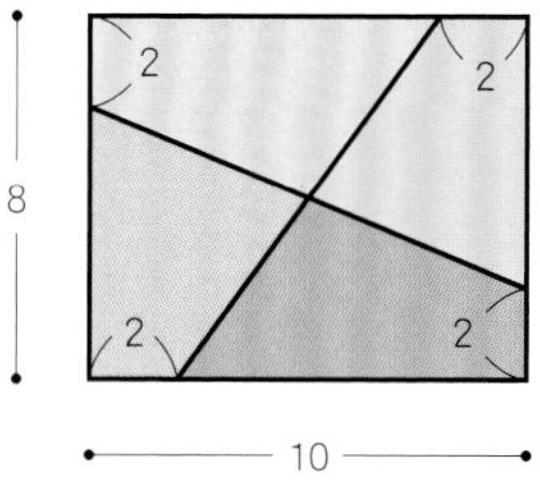

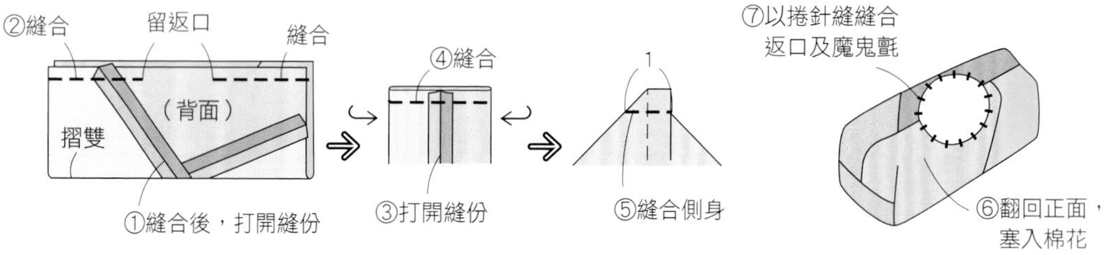

H 束口袋
①縫合
（背面）
（正面）
0.5加上縫份
5
1預留空間1
4
7.8
②壓開縫份
③翻回正面後摺入
穿繩口
④1縫合
⑥縫合
⑤貼上厚布襯
底布（背面）
⑧穿2條20cm的繩子b
⑦縫份往底側倒向
E・F・釦絆
①縫合
留返口
（背面）
（正面）
②翻回正面後，周圍進行捲針縫
口袋
1片貼上膠襯
①縫合
留返口
（背面）
（正面）
②翻回正面後，進行藏針縫
G 口袋
34
直接裁剪
9
②縫合內側1cm
①摺布
摺雙
9
摺雙
2
留返口
2
7
7
③翻回正面後，進行藏針縫
2 內側布放上補強布，縫合。
②貼合膠襯
③縫合
④縫份開牙口
⑤貼上雙面膠襯
①縫合
補強布（背面）
內側（正面）
⑥翻回背面，以熨斗燙貼
（背面）
3 縫合釦絆。
（正面）棉襯
（背面）
①縫合
釦絆（正面）
③周圍進行捲針縫
④包釦進行藏針縫
②翻回正面後，進行藏針縫
⑤背面加上磁釦
外側進行貼布縫，壓線，與內側重疊後縫合。
貼布縫・壓線完成
內外側（裡布）
⑤邊端進行藏針縫
⑥正面加上鈕釦b，背面加上四合釦
⑩繩子a對摺
⑦兩端進行藏針縫
①貼布縫・刺繡
⑧魔鬼氈進行藏針縫
⑨與外側重疊後縫合
②記號處進行藏針縫
⑪打結
2
⑫加上鈕釦a
④以藏針縫縫一圈
③留袋口後，進行藏針縫
5 周圍滾邊。
完成
外側・內側重疊後滾邊
中心對齊放上釦絆，在滾邊的邊上進行藏針縫
19.6
16.3

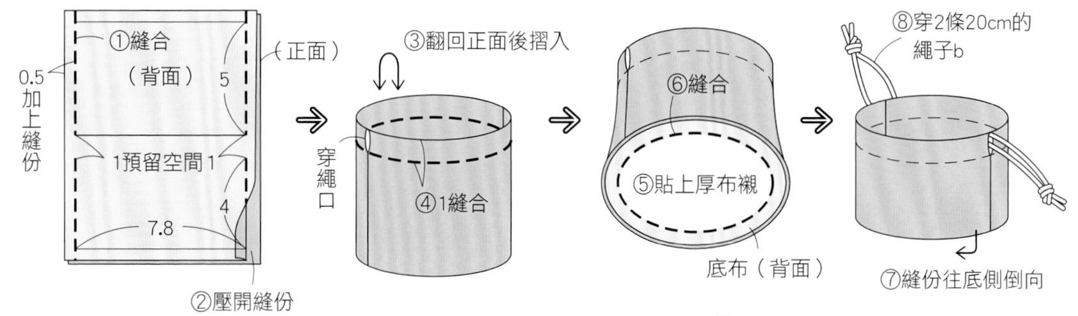

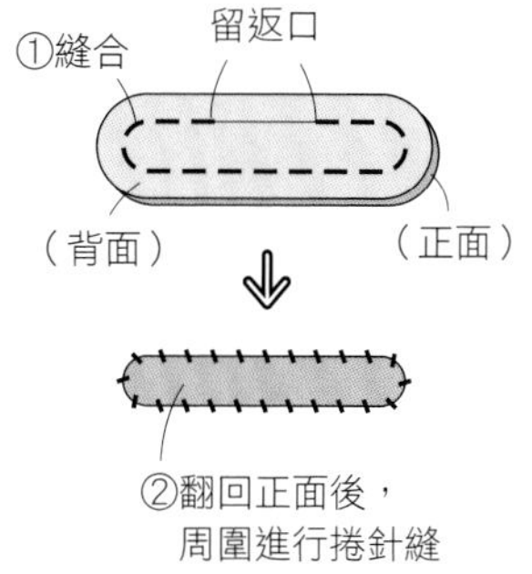

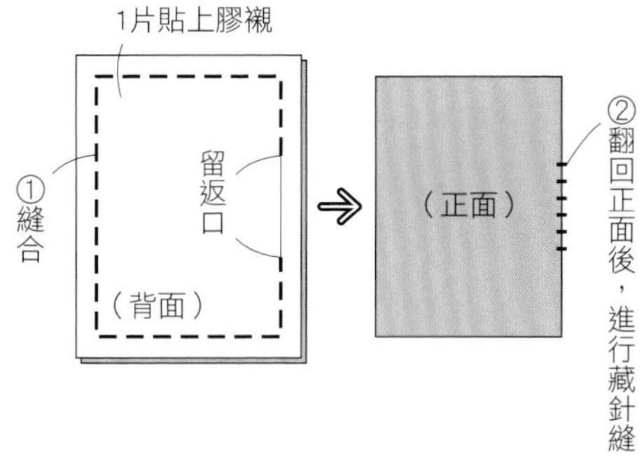

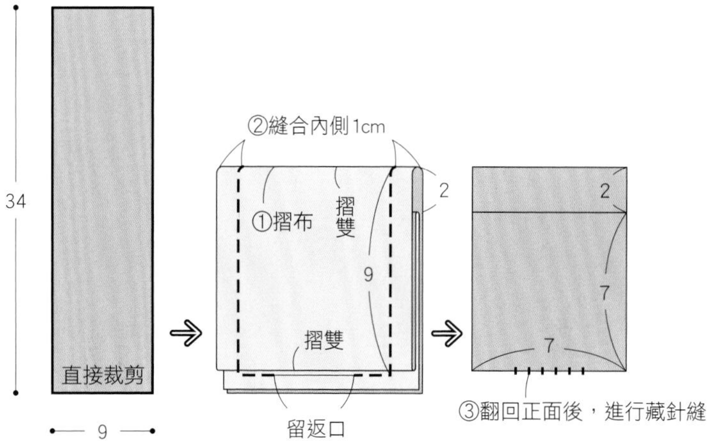

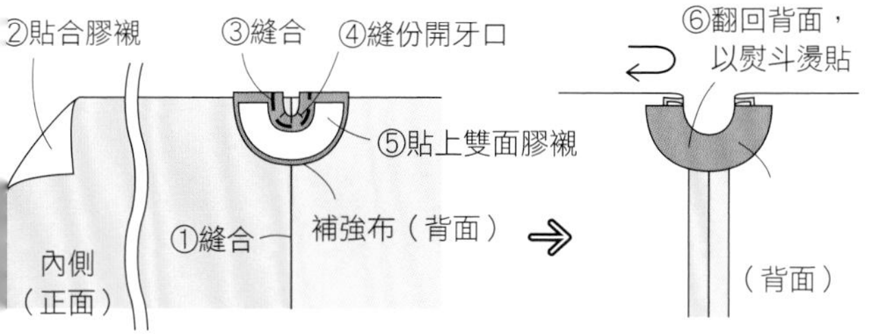

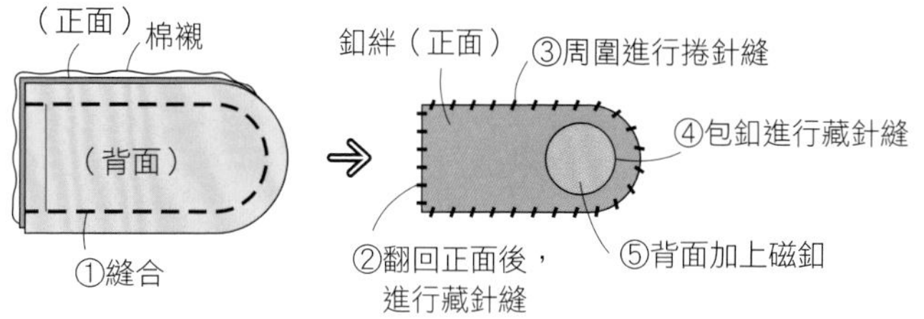

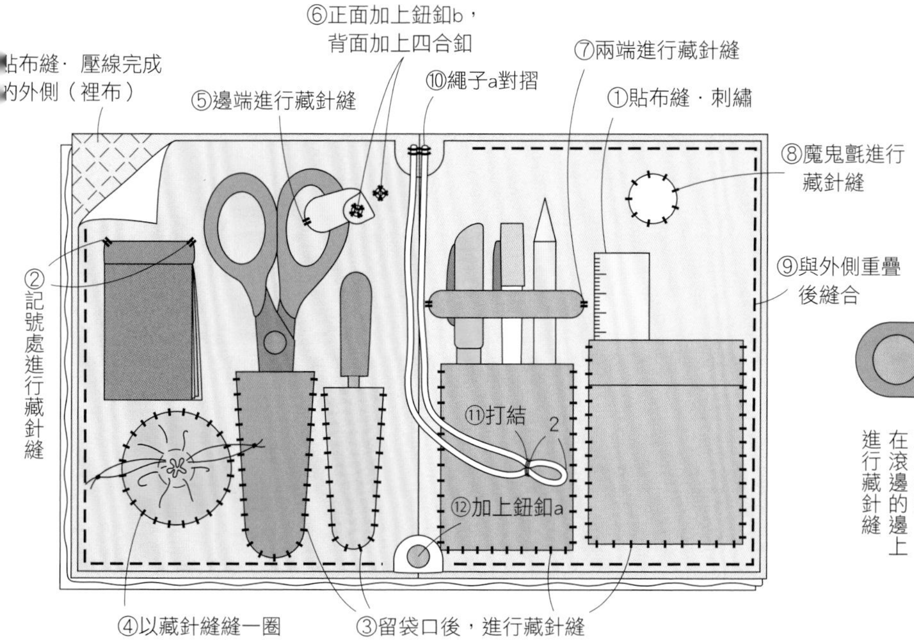

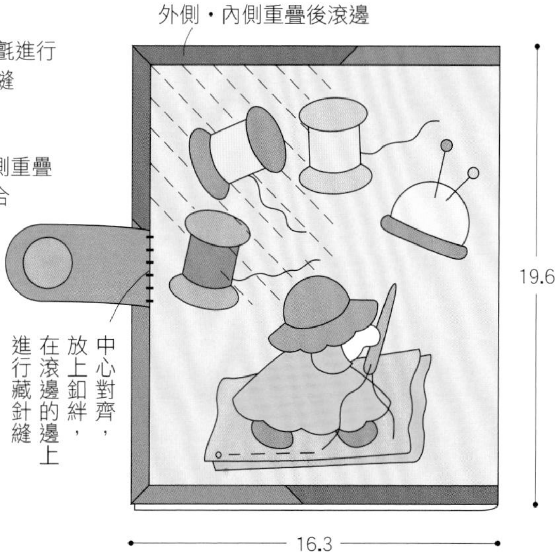

小物收納盒

房屋造型小物收納盒

立體的房屋造型小物收納盒。希望能將珍藏的小物放入這種形狀的收納盒……因為有這樣的想法，製作出了成品。房屋排列展示也很有趣。

作法 No.26/ P.47
No.27/ P.46
No.28/ P.44

26

三層式屋頂正中間
能打開的造型。

27 圓形的房屋造型，煙囪部分作成針插。
中間放入頂針及線，作為裁縫盒如何呢？

牆壁整面進行貼布縫，
從任何角度看都能樂在其中！

28 5片布片拼接的屋頂造型。
放入印章，作為玄關擺飾也很棒。

後側設計兩扇窗戶。

P.42 28 房屋造型小物收納盒

材料

貼布縫用布　適量
側面 底布合計　寬45cmx30cm
屋頂、屋頂底布合計　寬55cmx20cm
棉襯　寬45cmx30cm
裡布　寬30cmx25cm
內側布　寬30cmx25cm
包釦（直徑1.3cm） 2個
熱縮片　合計約40cmx20cm
8號繡線適量

※原寸紙型P.50．P.51

作法

1 表布刺繡、進行貼布縫後，與底部縫合。
與棉襯、裡布重疊後壓線。

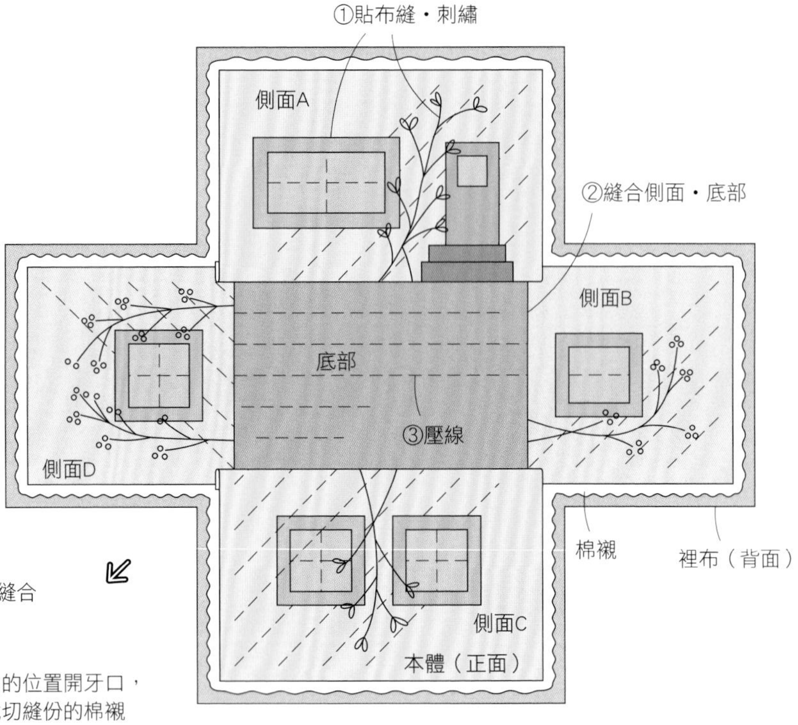

2 與內側布重疊後縫合。

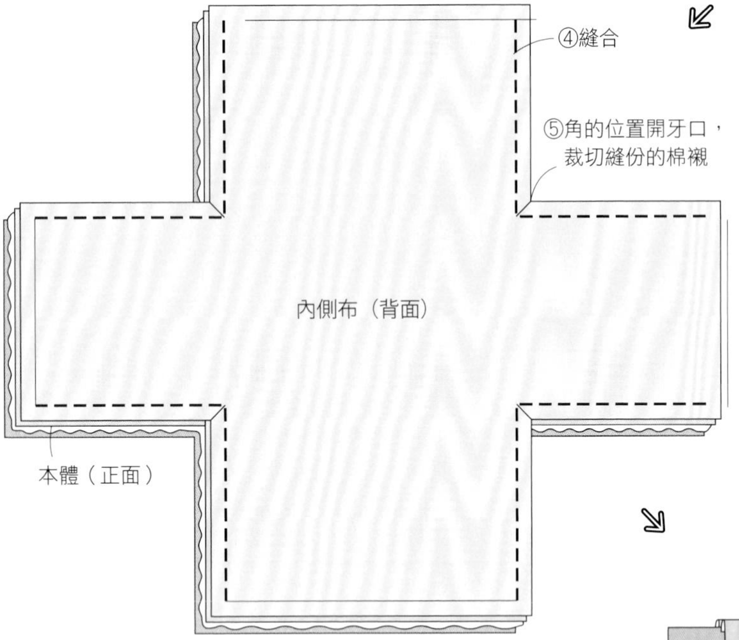

3 翻回正面，底部放入熱縮片後封口。
側面放入熱縮片後封口。。

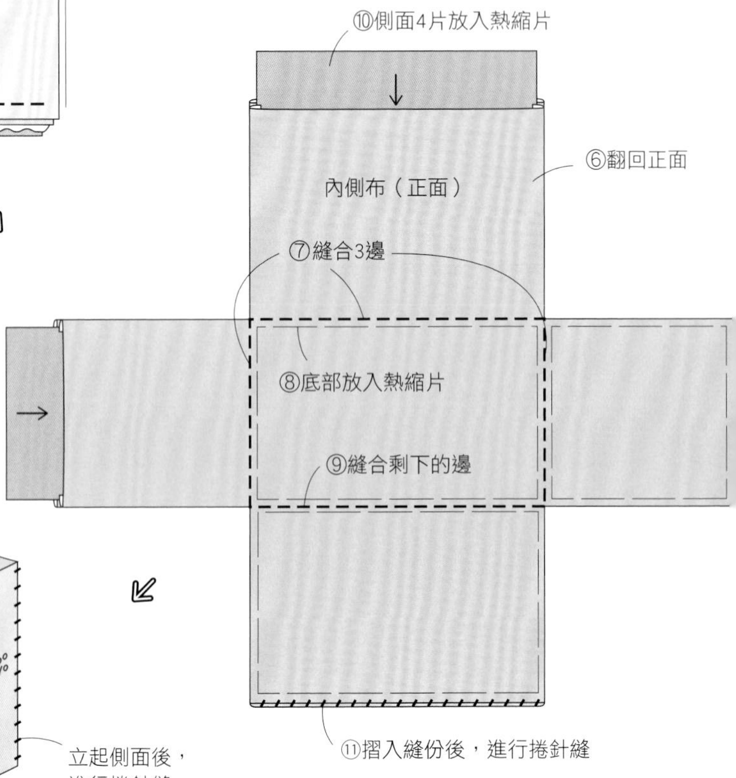

4 側面進行捲針縫，製作本體。

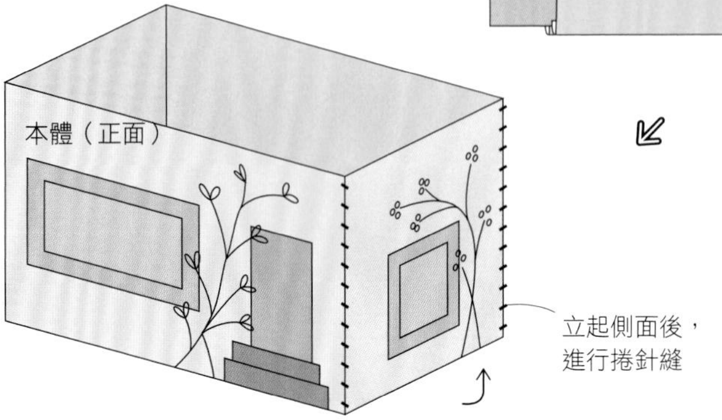

5 縫合屋頂底布，翻回正面後放入熱縮片。底布A與底布B以捲針縫縫合。

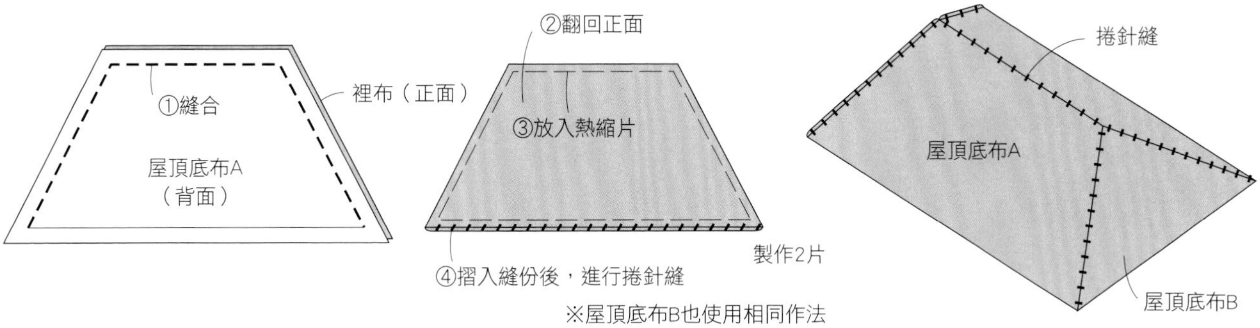

6 縫合C至G的屋頂。翻回正面後壓線，縫合。

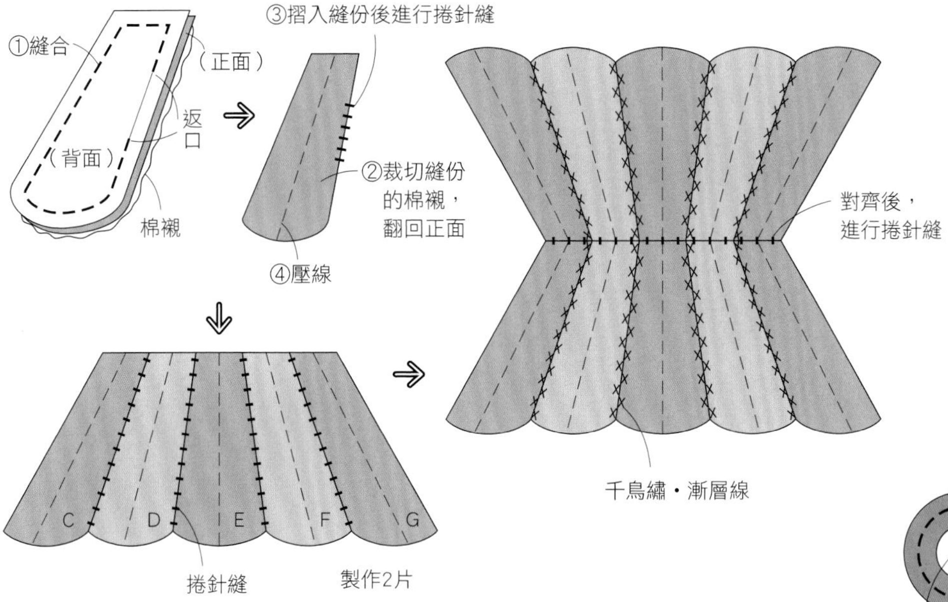

7 屋頂底布放上屋頂， 縫合固定。

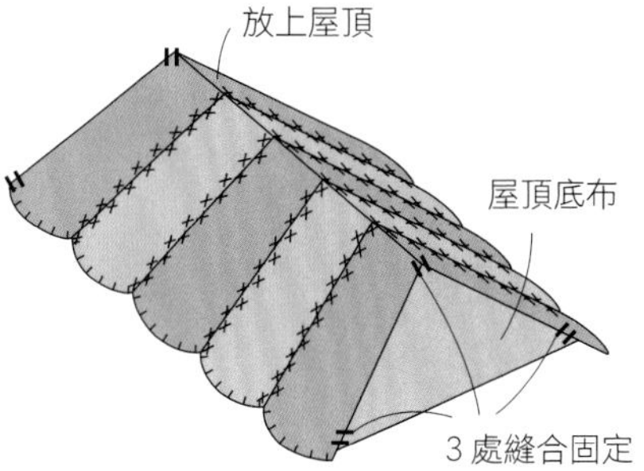

8 製作拉釦。

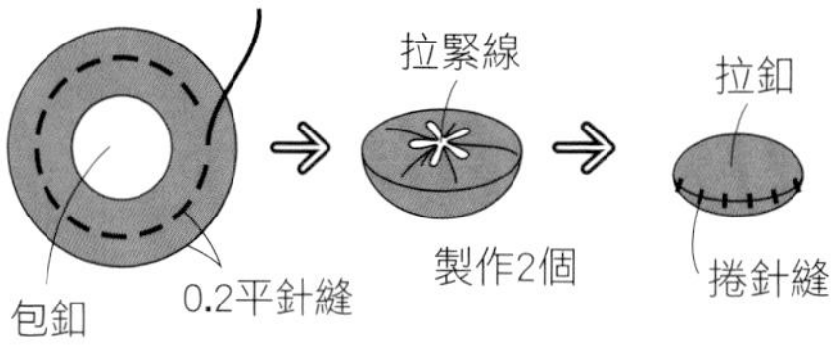

9 本體與屋頂縫合固定。加上拉釦。

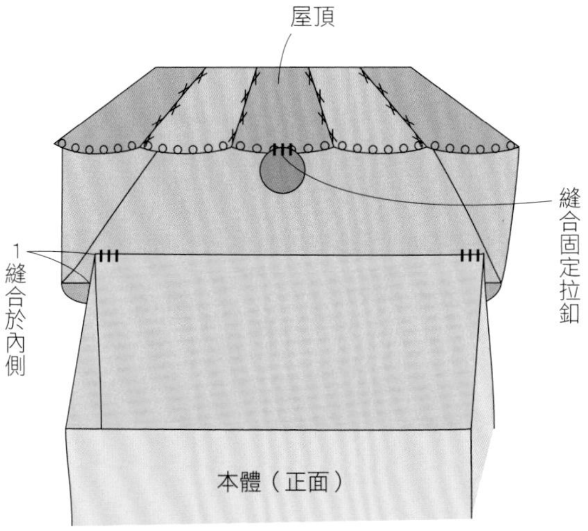

完成

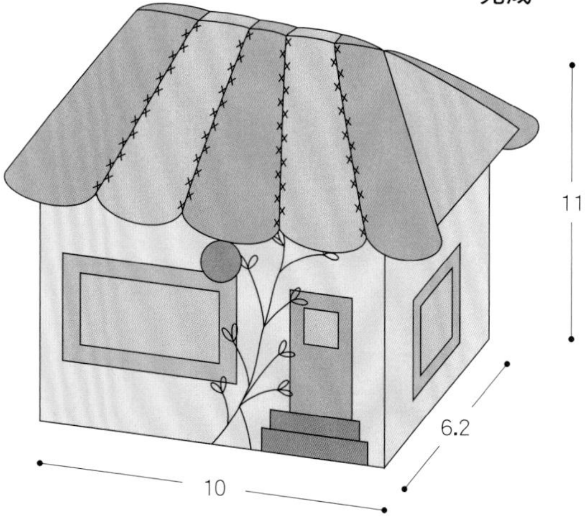

材料

貼布縫用布　適量
本體用布　寬35cmx10cm
屋頂　寬20cmx20cm
屋頂裝飾 A～C　寬55cmx35cm
底布　寬15cmx15cm
棉襯　寬50cmx15cm
裡布　寬55cmx25cm
厚布襯　寬20cmx20cm
針插用布　寬15cmx5cm
滾邊布　寬3.5cmx40cm斜布條
手工藝用棉花
8號繡線　適量

※原寸紙型A面。

作法

1 製作大門及窗戶門。縫合周圍，翻回正面。

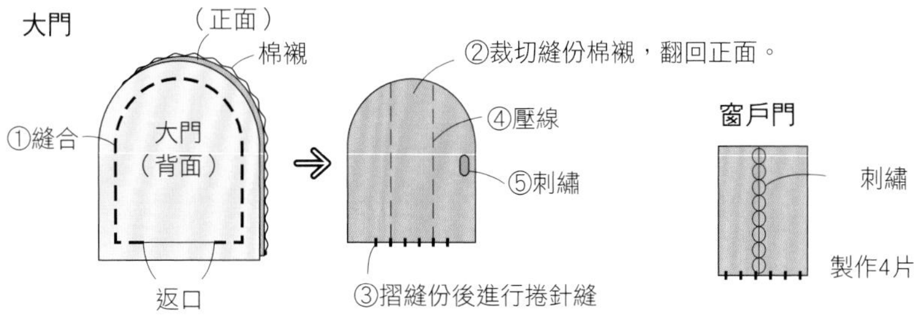

2 本體進行貼布縫，與棉襯、裡布重疊後，縫合周圍。

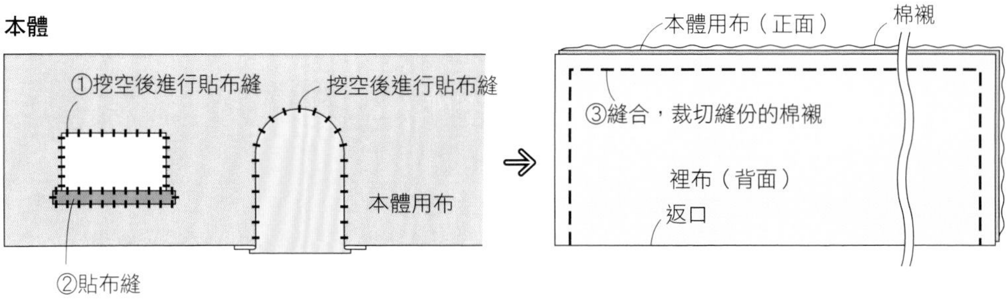

3 翻回正面後壓線。縫合脇邊，與壓完線的底部對齊後縫合，進行滾邊。

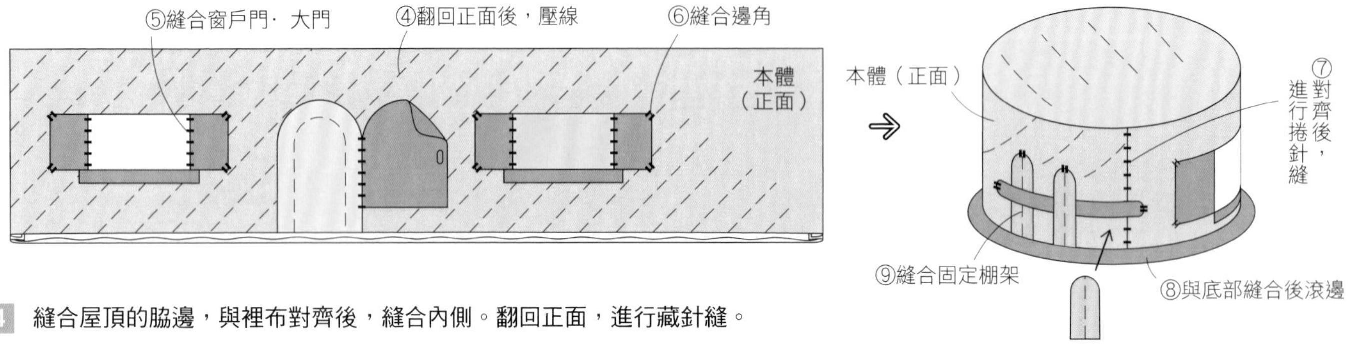

4 縫合屋頂的脇邊，與裡布對齊後，縫合內側。翻回正面，進行藏針縫。

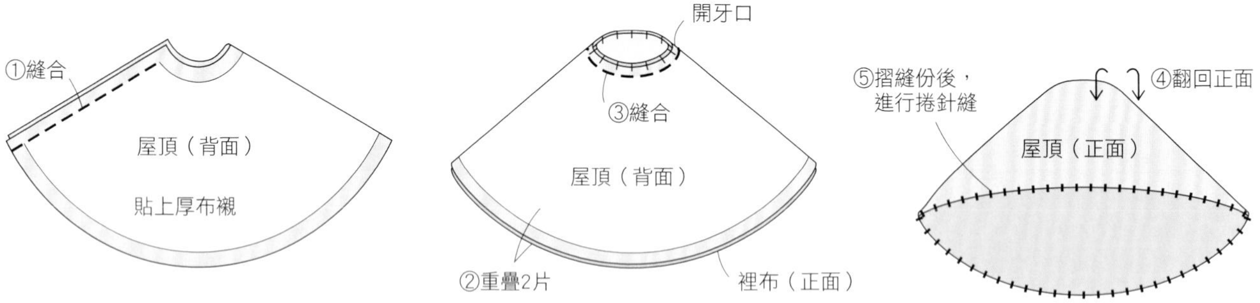

5 製作屋頂裝飾。縫合2片，翻回正面。屋頂平均縫合固定。

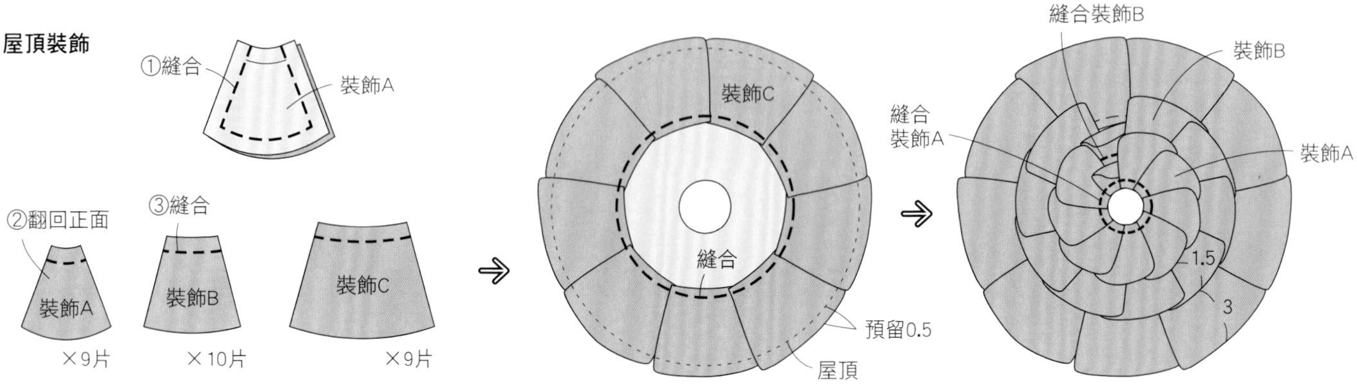

6 縫合針插。縫合筒狀部位，
放入針插後進行捲針縫。
加上底部。

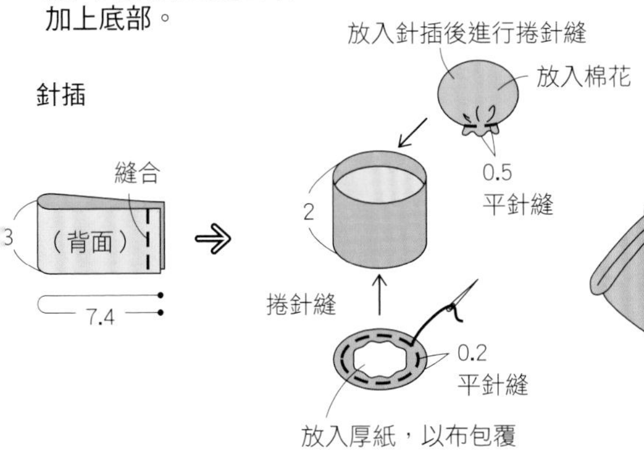

7 在屋頂上方以藏針縫縫合針插。

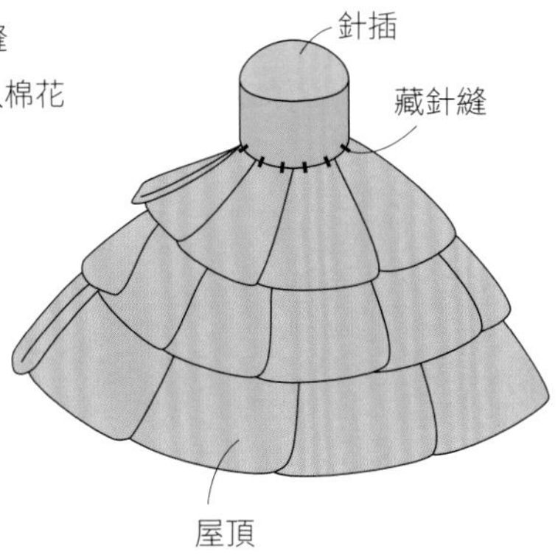

完成

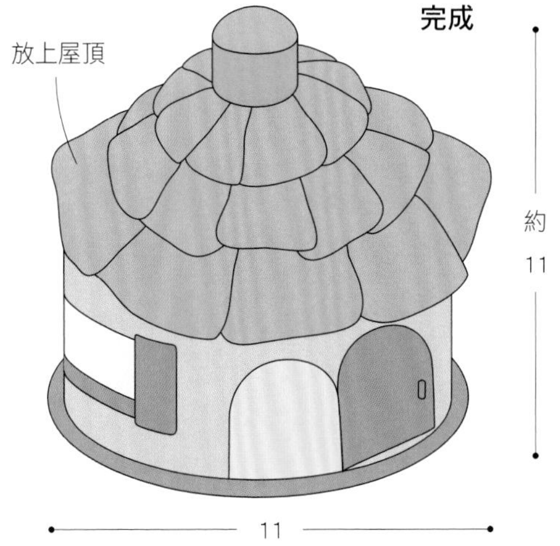

P.42 **26** 房屋造型小物收納盒

材料

貼布縫用布　適量
側面、底布　寬40cmx15cm
屋頂用布　寬40cmx35cm
屋簷用布　寬10cmx10cm
拉把用布　寬15cmx5cm
棉襯　寬40cmx15cm
裡布　寬40cmx15cm
內側布　寬40cmx15cm
厚布襯　寬30cmx25cm
熱縮片　寬35cmx30cm
滾邊布　寬3.5cmx10cm的斜紋布　2條
8號繡線　適量

※原寸紙型P.49・ P.50。

作法 **1** 側面進行貼布縫，壓線。與內側布縫合，放入熱縮片。

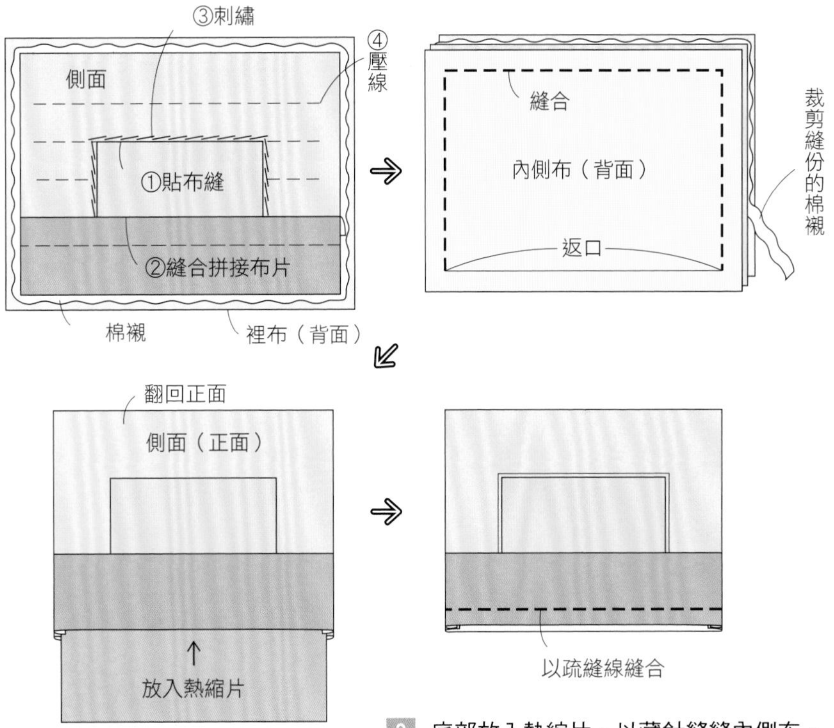

2 底部壓線，
與側面縫合

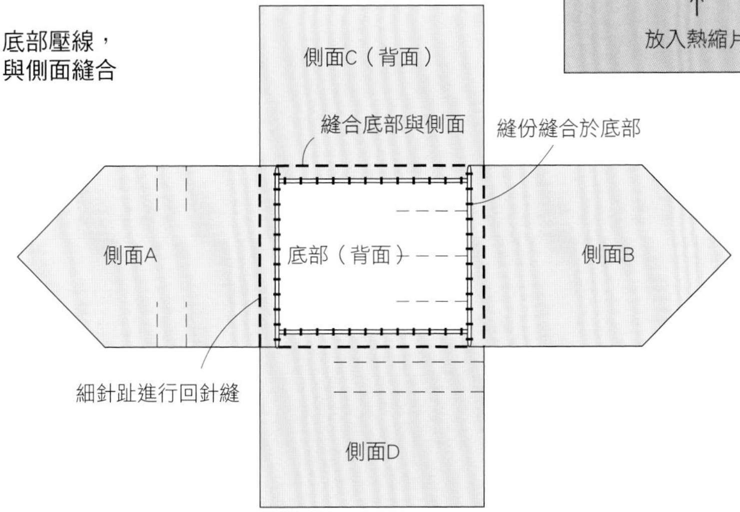

3 底部放入熱縮片，以藏針縫縫內側布。

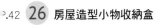

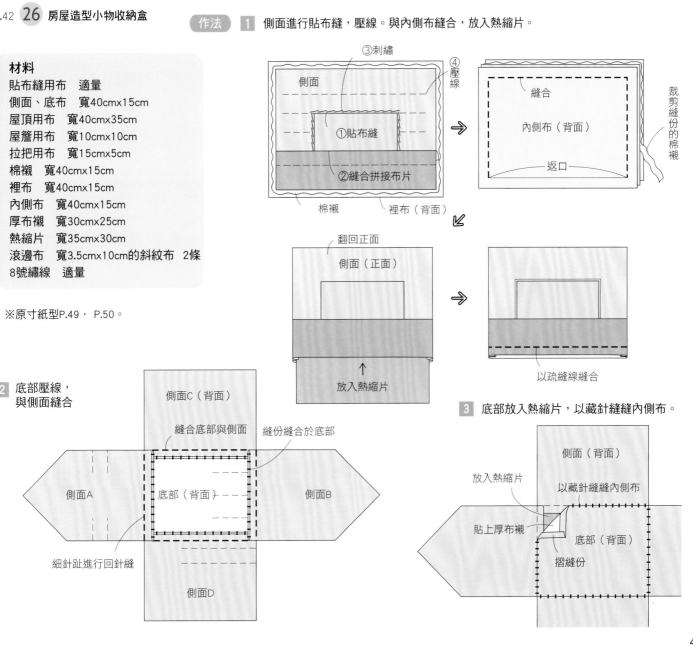

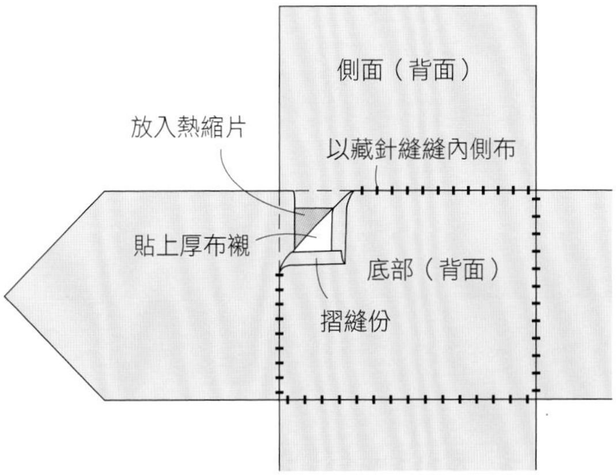

4 立起側面，以捲針縫縫合

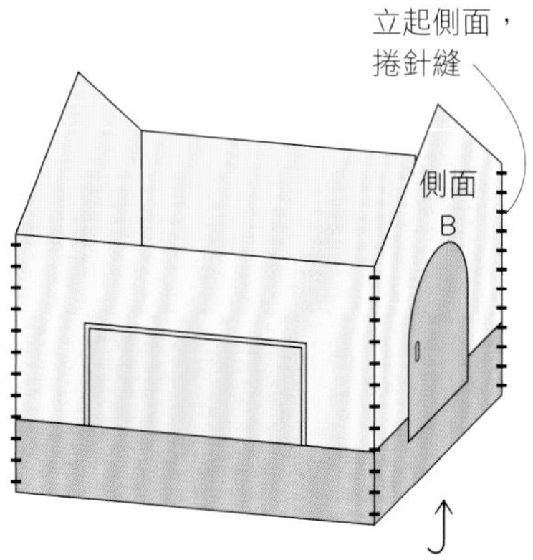

5 縫合屋簷部分，翻回正面

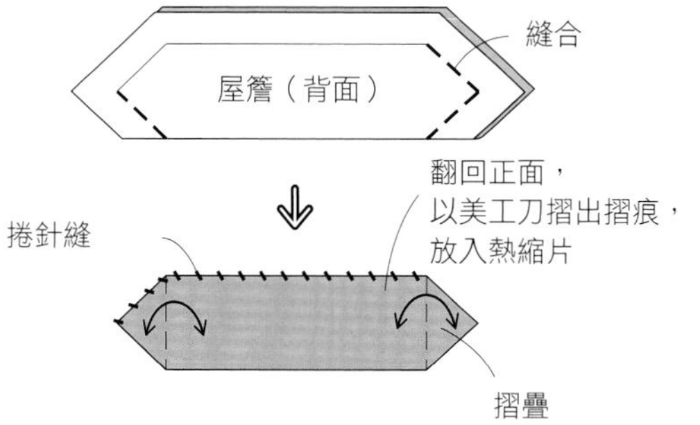

6 側面C加上屋簷

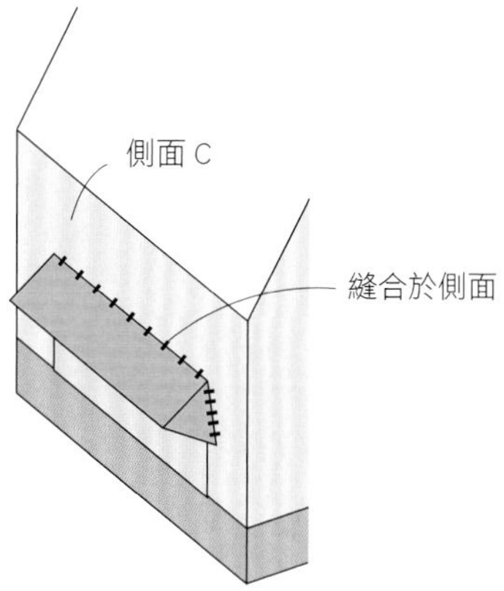

7 縫合屋頂底布，翻回正面，
放入熱縮片。

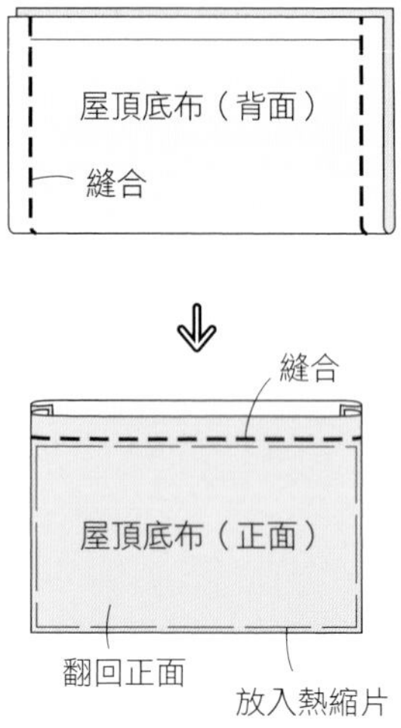

8 縫合屋頂上層，翻回正面後，刺繡。

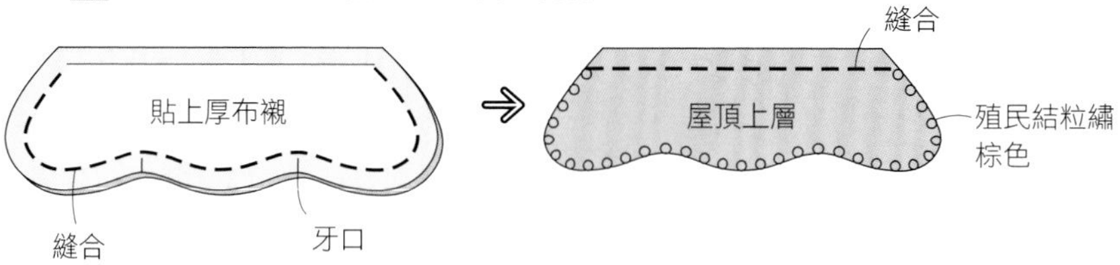

9 中層、下層以相同方式製作。底布上重疊3層屋頂，滾邊。加上釦絆。

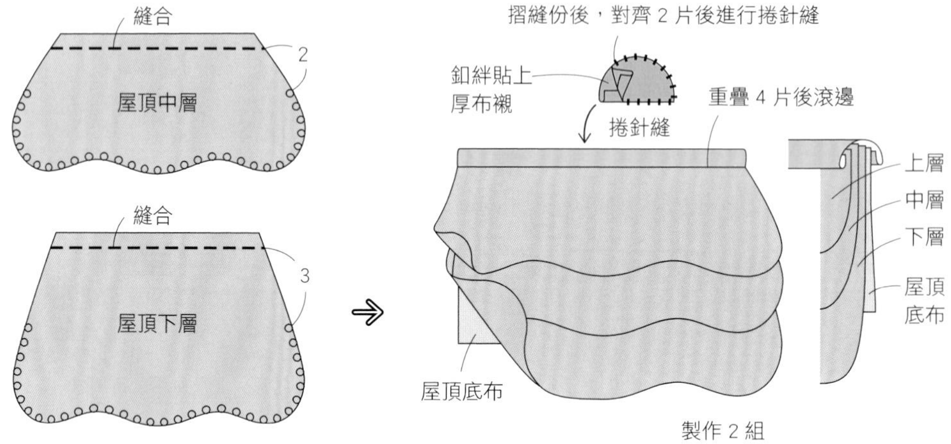

製作 2 組

10 縫合固定房子側面及屋頂底布。

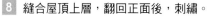

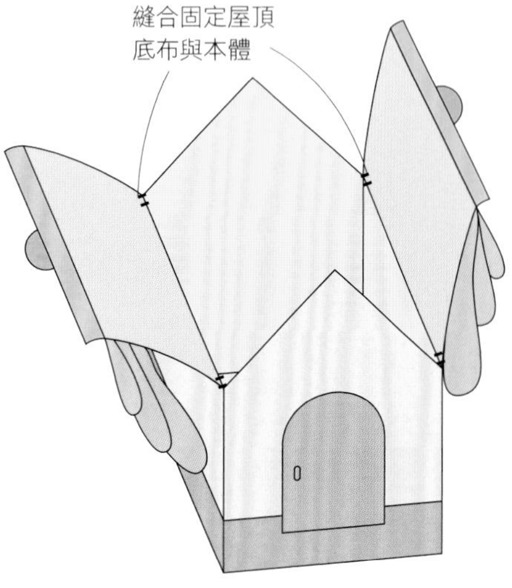

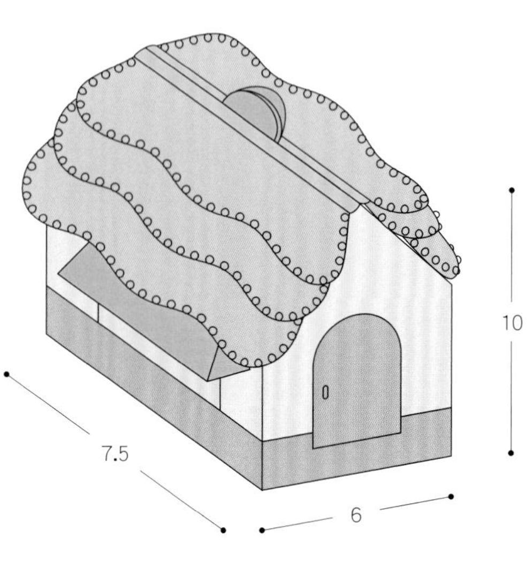

完成

原寸紙型

※側面、屋頂、屋簷預留
縫份0.7cm後裁切
※放入裡面的熱縮片尺寸，
由線往內縮0.3cm處裁剪

P.42 26 房屋造型小物收納盒

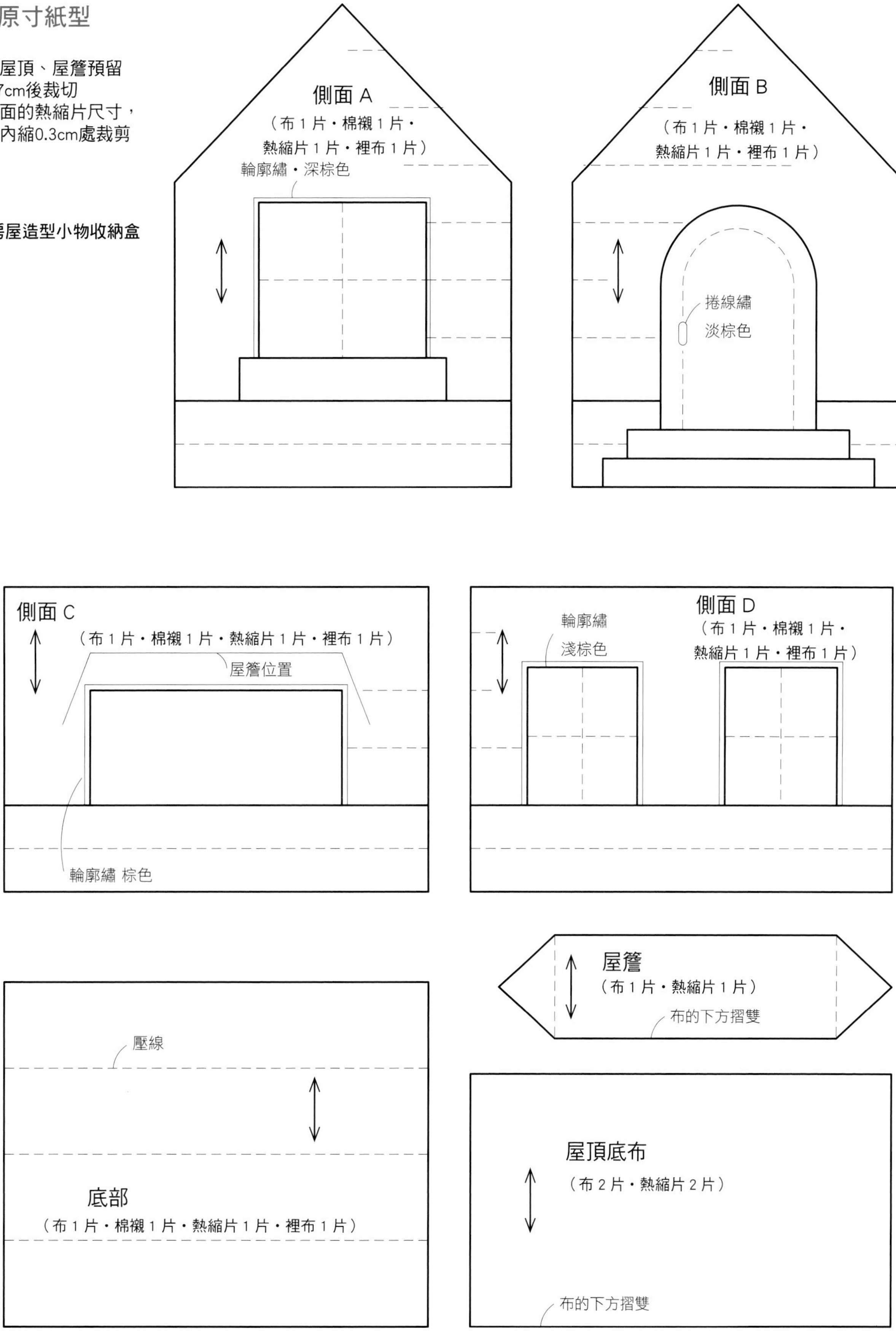

原寸紙型

※屋頂、屋頂底部預留0.7cm、釦絆預留0.5cm
※放入裡面的熱縮片尺寸，由線往內縮0.3cm處裁剪

P.42 **26 房屋造型小物收納盒**

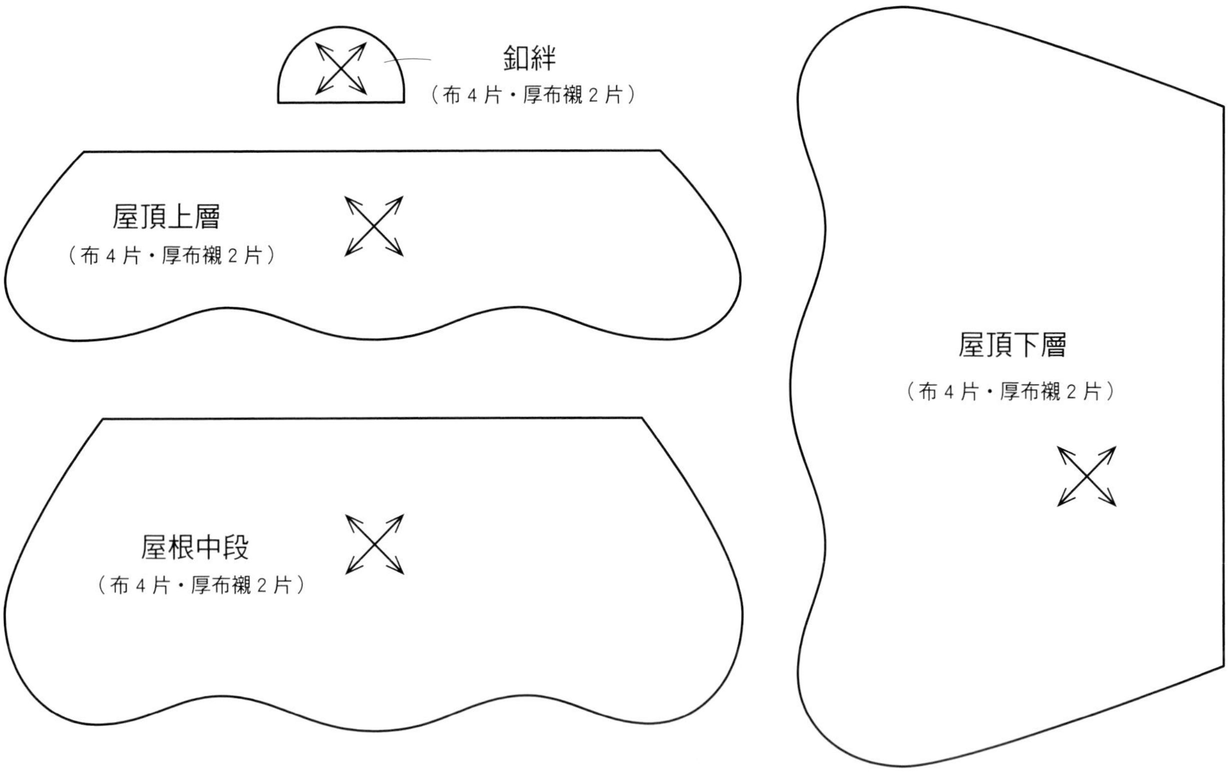

P.42 **28 房屋造型小物收納盒**

原寸紙型

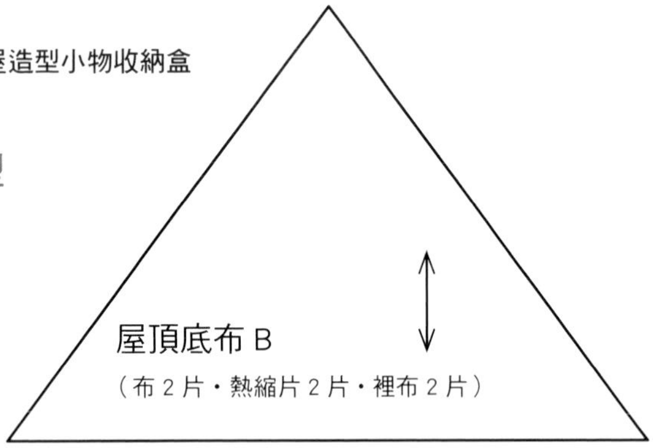

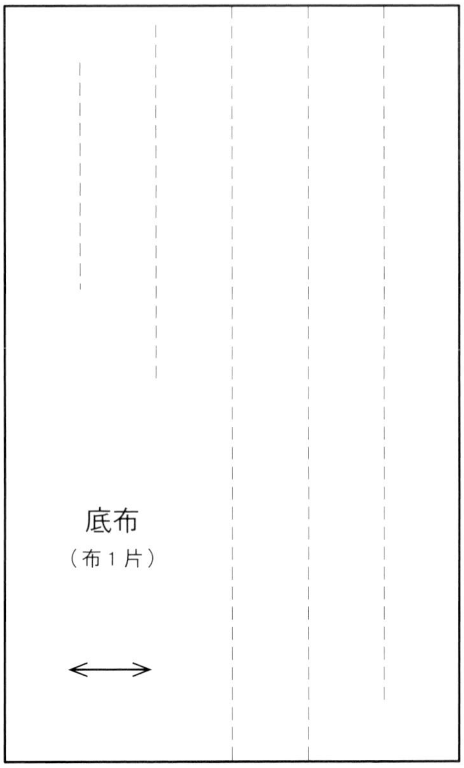

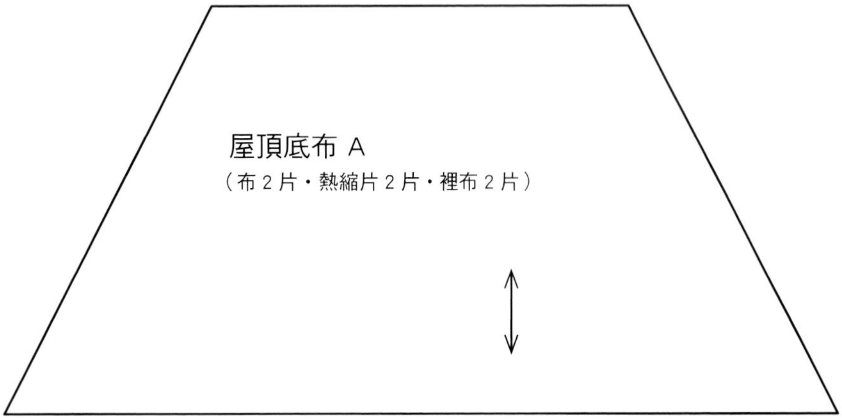

原寸紙型

P.42 **28** **房屋造型小物收納盒**

※側面、屋頂預留縫份0.7cm後裁剪
※放入裡面的熱縮片尺寸，由線往內縮0.3cm處裁剪
※側面與底部的裡布及棉襯，正面縫合後，接合再裁剪

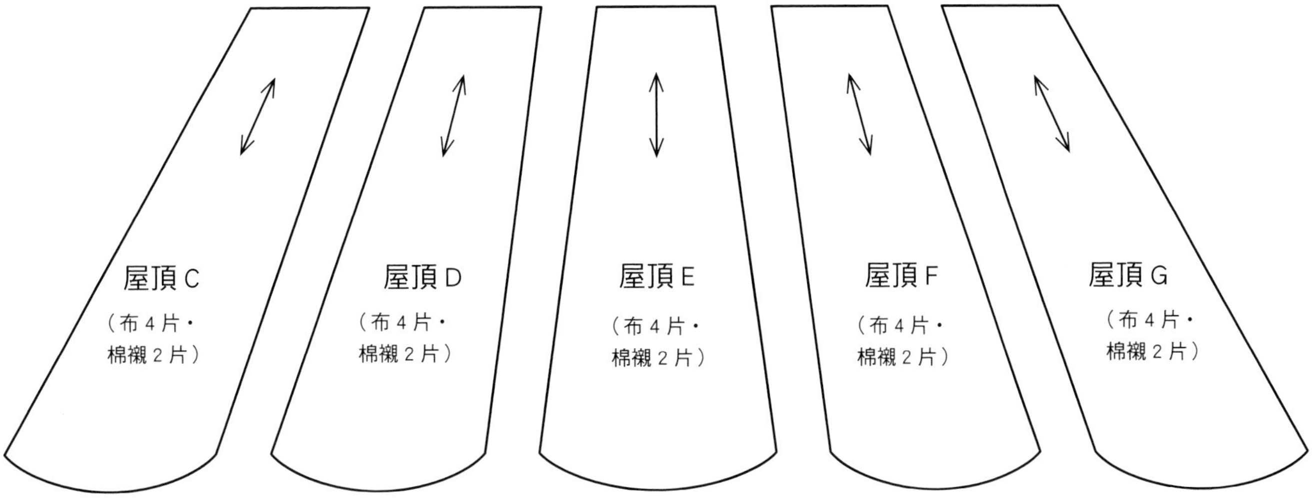

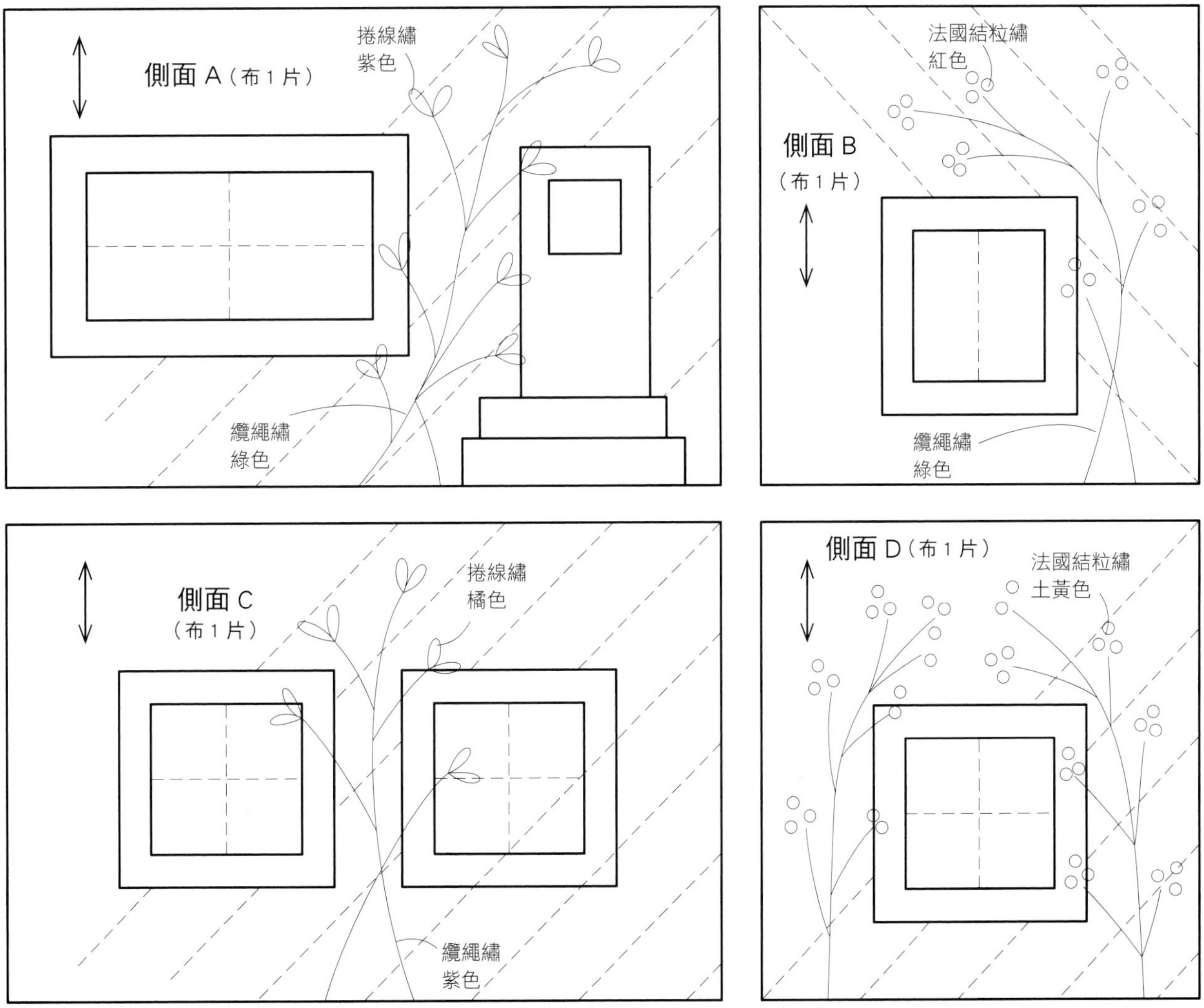

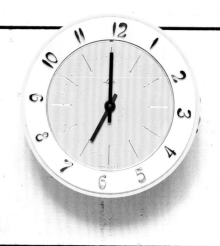

壁掛口袋壁飾

比利的早晨

將比利從早上起床到換好衣服的樣子，呈現在口袋圖案上。
毛氈布與布料的組合很新奇。使用各種不同的針法，開心地裝飾邊框也是設計的重點。

作法 P.67

29

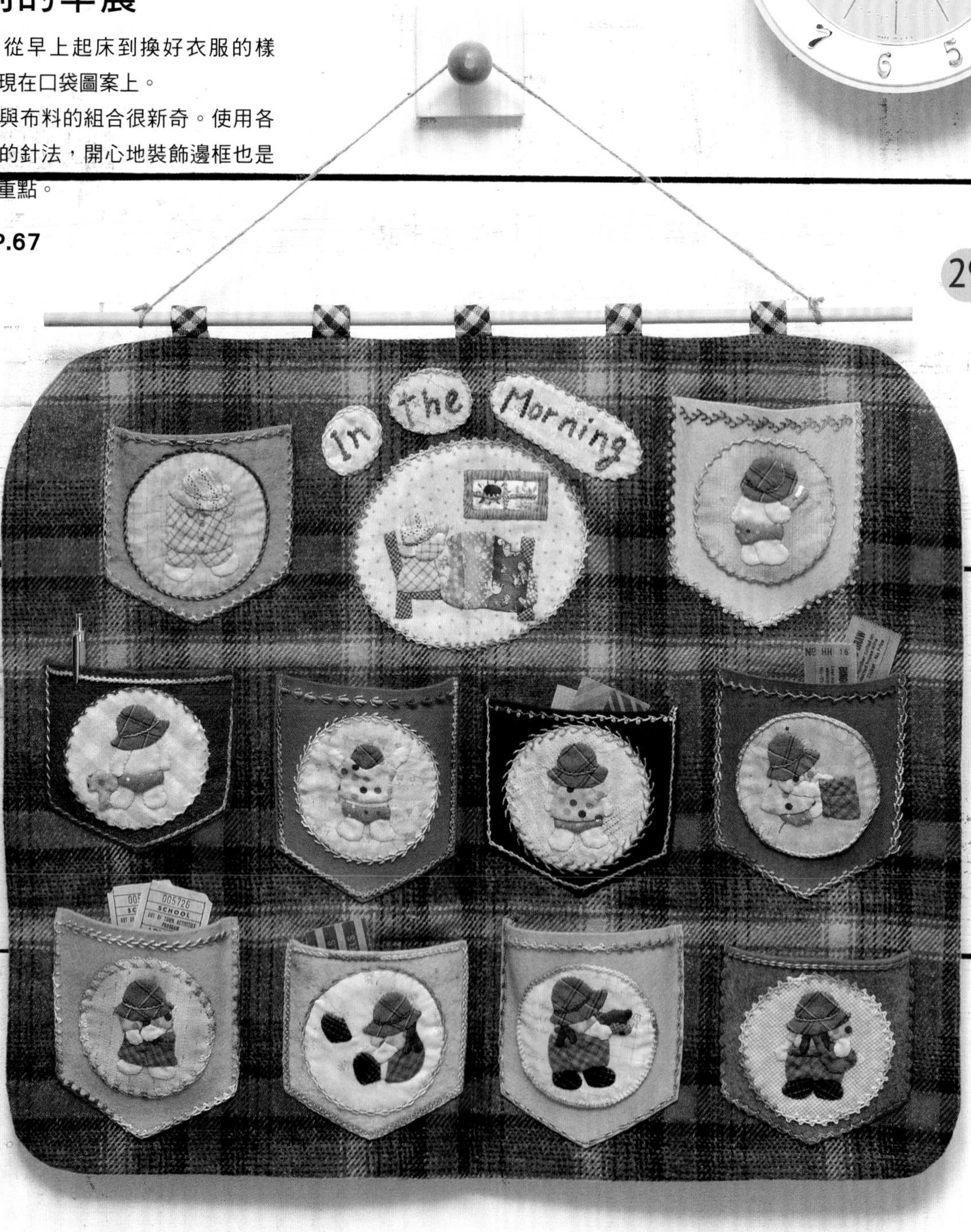

In the Morning

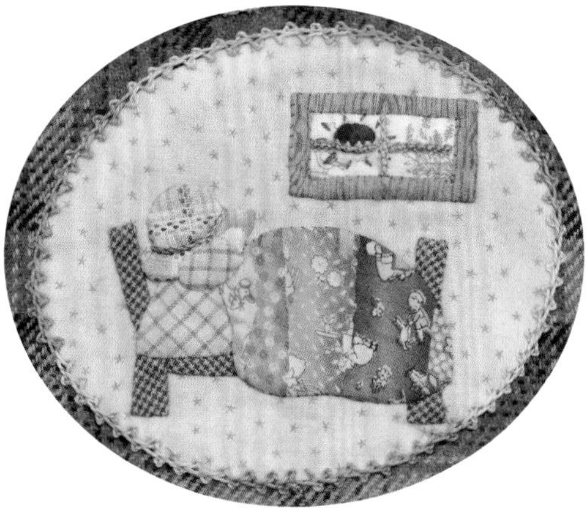

今天也是好天氣！比利起床的時間到囉！

從床上起身，開始脫掉睡衣。

仔細地洗臉、刷牙。

今天要穿什麼衣服呢？

決定穿自己喜歡的圓點上衣

從頭穿戴，能一個人穿好衣服。

接著穿上褲子。

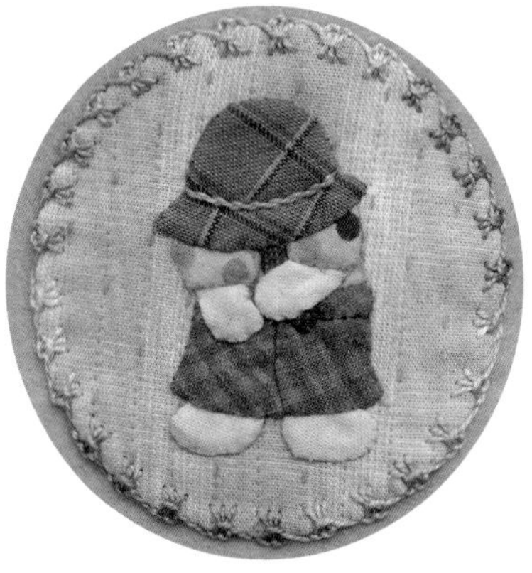

穿上吊帶褲。

穿上喜歡的鞋子。

出門的準備。

背好包包，完成準備！

相框裝飾 & 抱枕

30

橢圓形相框裝飾

初學貼布縫也能挑戰的簡單作品。因為是小型作品，在小空間也能輕鬆地裝飾，享受其中樂趣。

作法 P.57

迷你抱枕

周圍以皺褶邊裝飾的可愛抱枕，可以當作車內的裝飾物，也可以作椅子靠背來使用。

作法 No.31／P.56
No.32／P.56

31

32

30 開心逛街的蘇姑娘及
比利的貼布縫。

31 手裡抓著氣球，
看起來幸福洋溢的蘇姑娘。

32 感情好的比利及蘇姑娘。
騎著三輪車，
今天要去哪裡呢？

迷你抱枕

材料（共用）
貼布縫用布　適量
底布　寬30cmx30cm
表布　寬40cmx25cm
棉襯　寬30cmx30cm
裡布　寬30cmx30cm
皺褶布料　寬110cmx30cm
抱枕布料　寬55cmx30cm
8號繡線　適量
手工藝用棉花　適量

※ 31 原寸紙型A面。

※ 32 原寸紙型C面。

32

本體前側1片（表布・棉襯・裡布）

本體後側2片（表布）

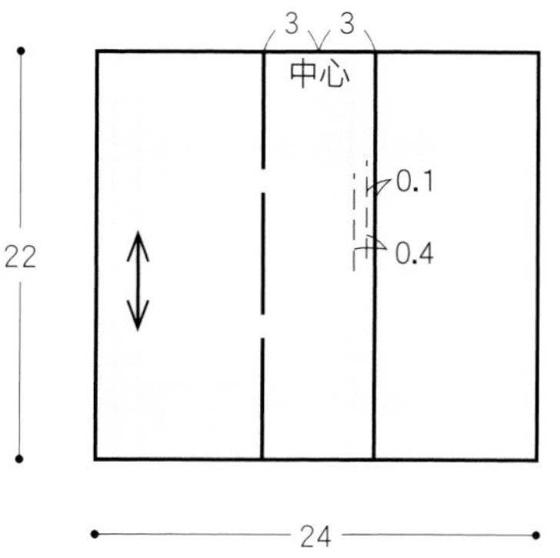

抱枕

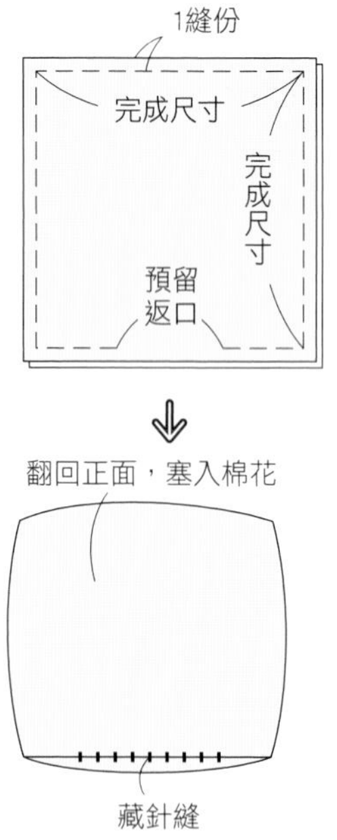

縫合周圍，翻回正面，
塞入手工用棉花

31

本體前側1片（表布・棉襯・裡布）

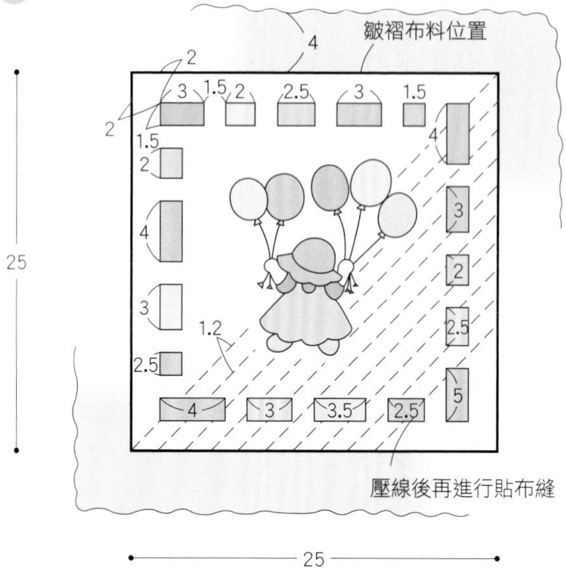

本體後側2片（表布）

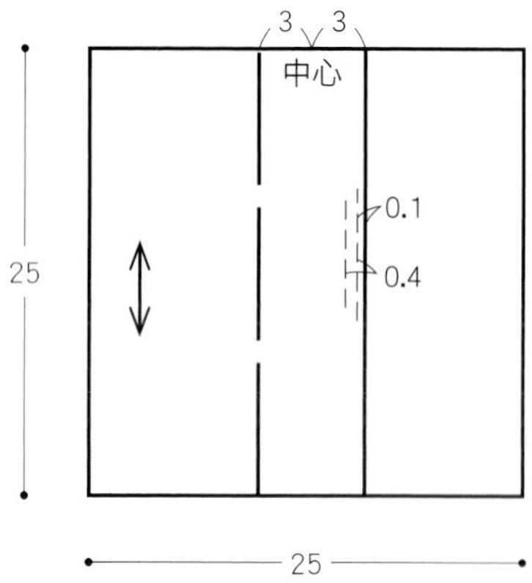

皺褶布料1片（兩者共用）

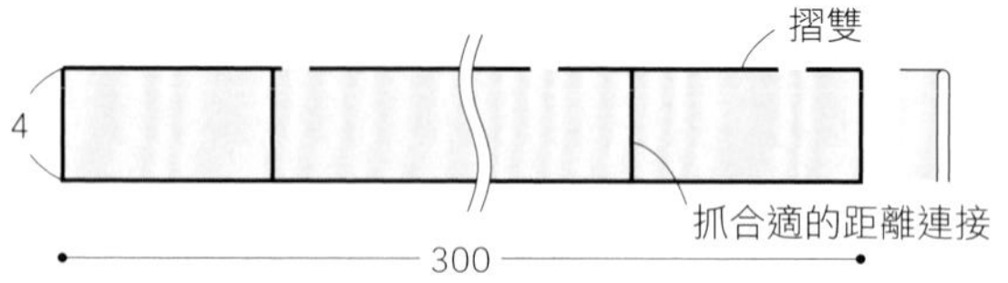

作法

1 製作皺褶。縫合成圓形，對摺後，抓出皺褶。

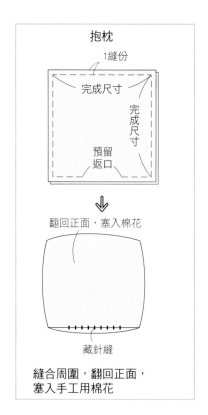

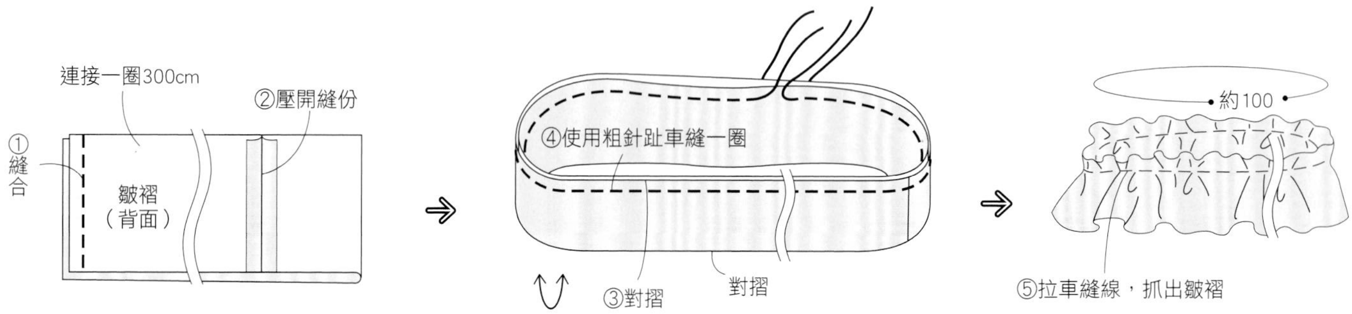

2 本體後側的袋口摺3褶後縫合。重疊2片。

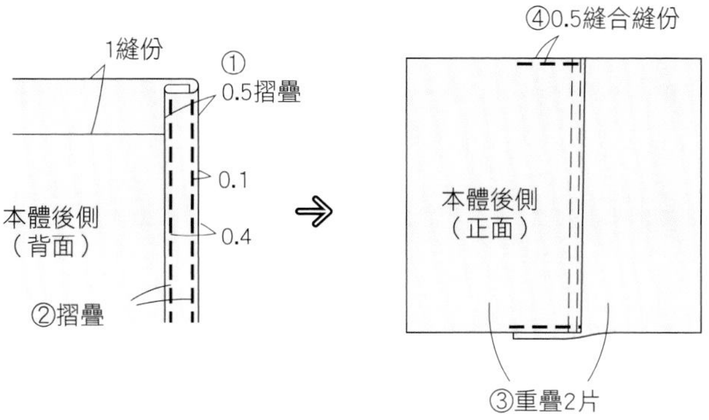

3 本體前側縫上皺褶。前後片正面相對後縫合。

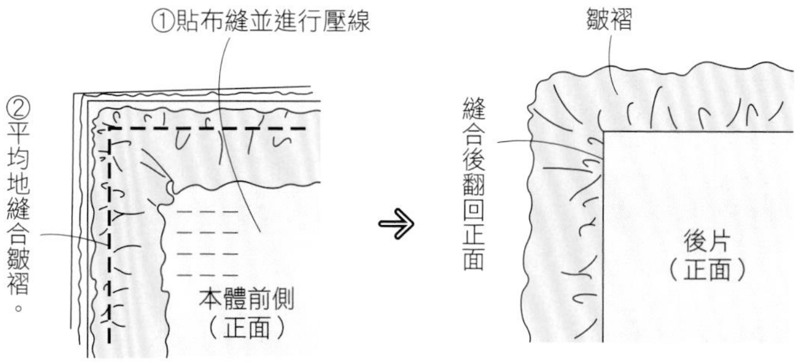

完成

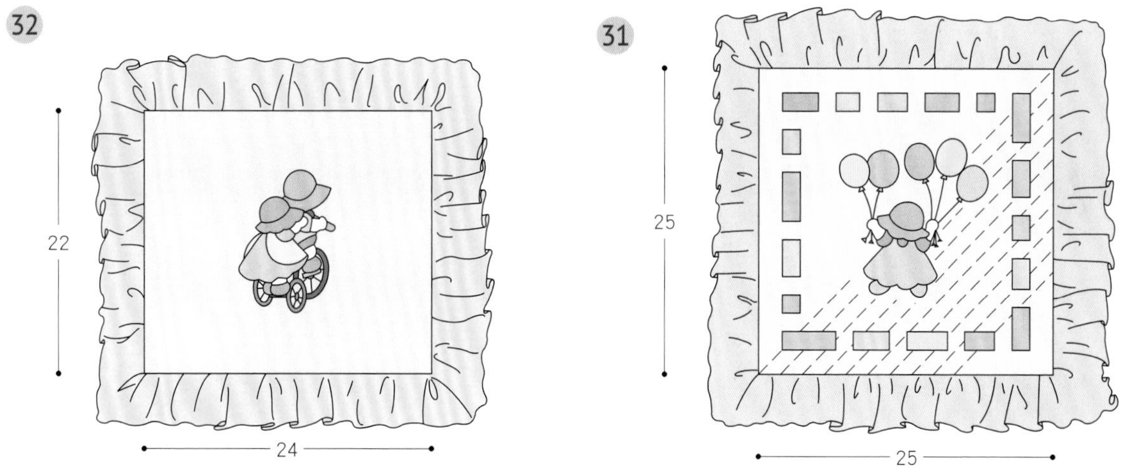

P.54 **30** **橢圓形相框裝飾**

材料
貼布縫用布　適量
底布　寬30cmx25cm
棉襯　寬20cmx15cm
鈕釦（直徑0.4cm）2個
8號繡線　適量
外框（內徑橫19×縱14cm）1個

※原寸紙型A面。

本體1片（表布・棉襯）
約橫19×縱14cm

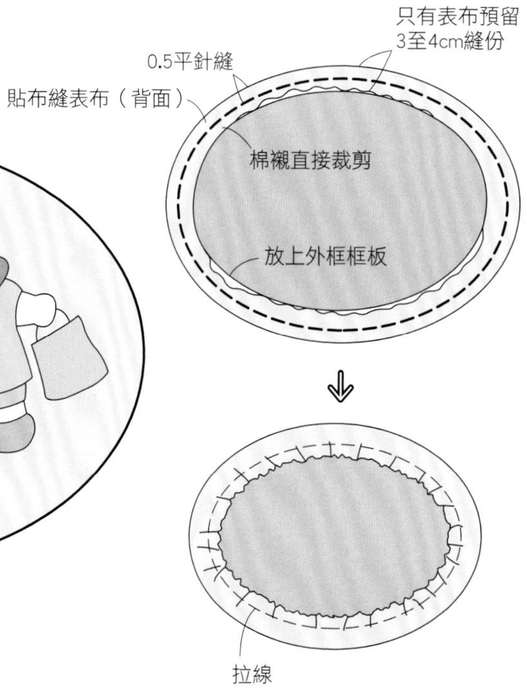

作法

1 底部進行貼布縫。

2 放入棉襯、外框框板後，沿縫線進行平針縫固定。

3 放入外框框板後，拉線。

後側

●身長：約20cm

蘇姑娘的變裝娃娃

洋娃娃是女孩必備的玩具。天真無邪的表情，療癒人心的樸素蘇姑娘娃娃，現在已是大人的我還是很喜歡啊！製作很多衣服，享受換裝的樂趣，也可以掛在衣架上裝飾。今日穿搭是花朵圖案襯衫及平織格紋吊帶裙。也別忘記蘇姑娘喔！

作法 P.70

熱愛時尚的蘇姑娘，穿著喜愛的黃色洋裝，
要去哪兒呢？

作法 P.74

34

穿著紅色洋裝，非常可愛的蘇姑娘。今天被
邀請到朋友家作客。那麼，帶著伴手禮出發
吧！

作法 P.74

35

鑰匙包

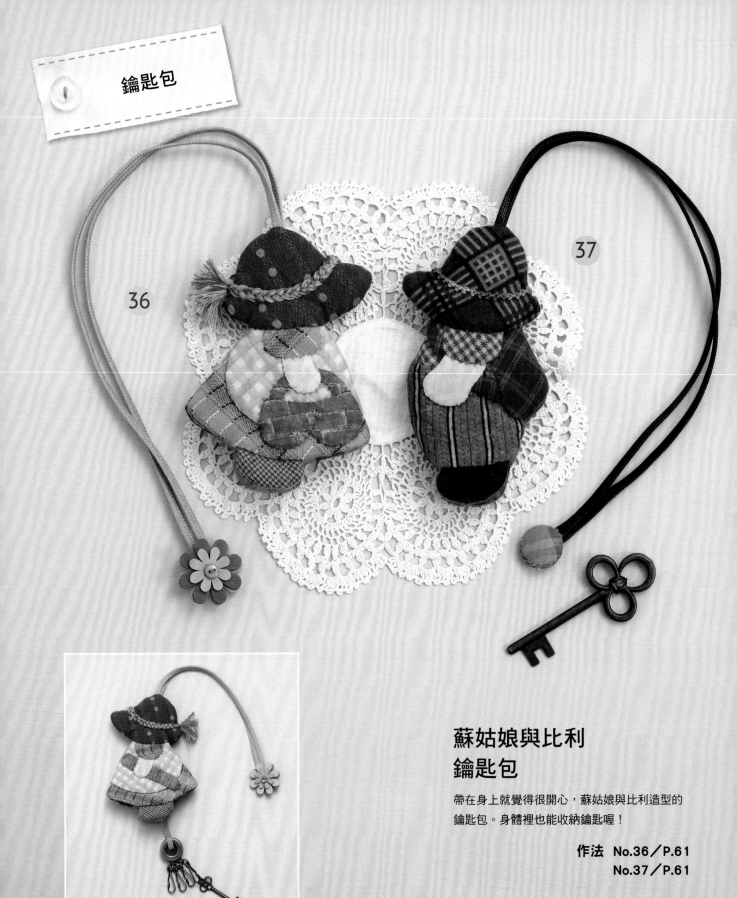

另一側的手拿著法國麵包。

蘇姑娘與比利
鑰匙包

帶在身上就覺得很開心，蘇姑娘與比利造型的鑰匙包。身體裡也能收納鑰匙喔！

作法 No.36／P.61
No.37／P.61

材料（共用）
貼布縫用布　適量
棉襯　寬20cmx15cm
裡布　寬20cmx15cm
扁繩　（寬0.4cm）65cm
鑰匙圈金屬件　1個
25號繡線（No.36）　適宜
8號繡線（No.37）適宜
鈕釦（直徑3cm）2個（No.36）
　　（直徑2cm）2個（No.36）
釦子（直徑0.6cm）2個（No.36）
包釦（直徑1.8cm）2個（No.37）

※原寸紙型D面。

作法

1 縫合帽子，翻回正面。製作2組後，縫合。

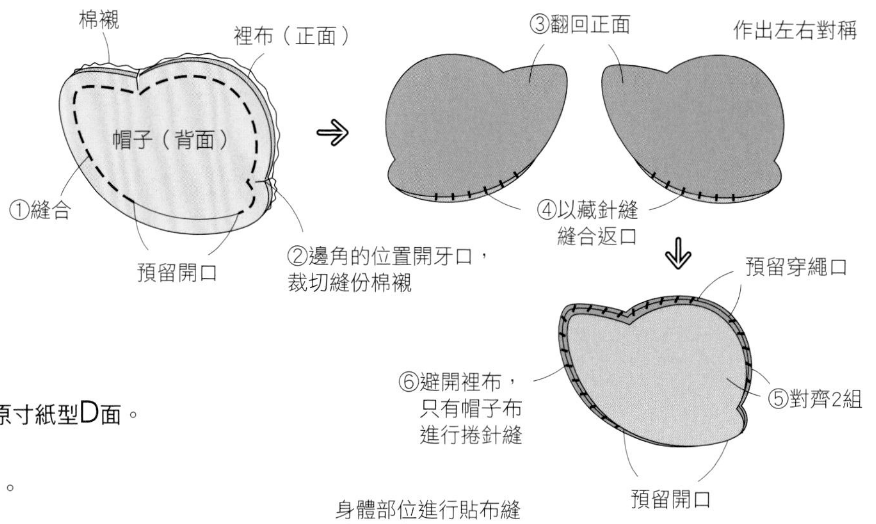

2 身體部位進行貼布縫，與裡布對齊，縫合周圍。

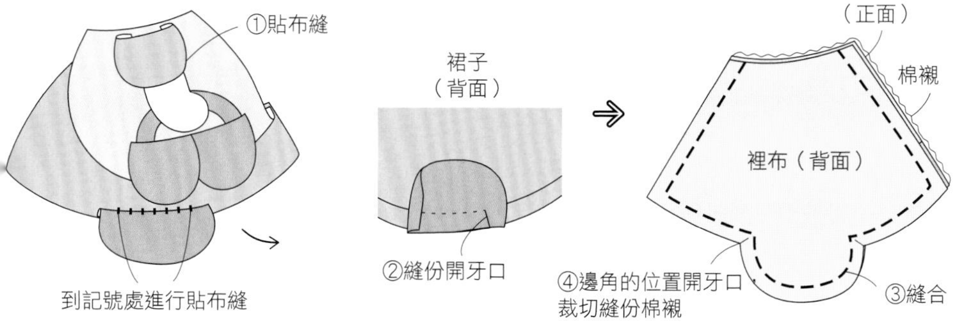

3 翻至正面進行落針壓線，後片作法相同。

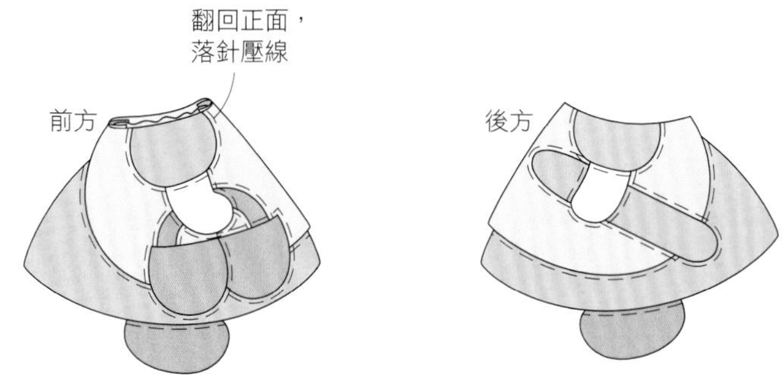

4 前片與後片對齊後縫合。

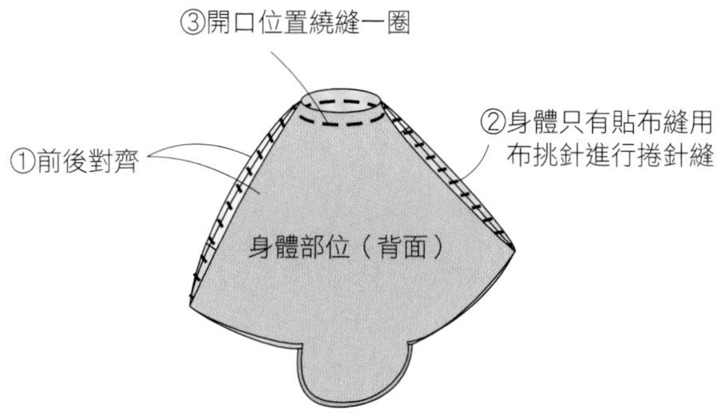

5 繩子加上金屬件，
從下方穿繩，加上裝飾。

完成

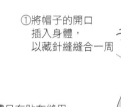

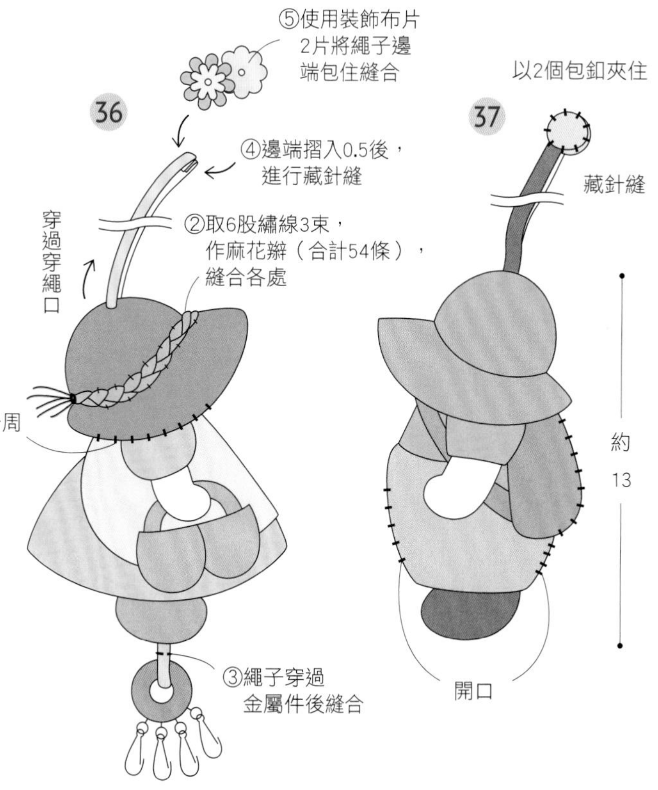

P.2 **1** 甜蜜小鎮

材料

貼布縫用布　適量
底布（各種合計）　寬65cmx45cm
邊框布（粉紅色）寬65cmx30cm
裝飾A（灰色）　寬55cmx20cm
裝飾B（粉紅色）　寬60cmx60cm
棉襯　寬65cmx45cm
裡布　寬65cmx45cm
滾邊布　寬3.5cmx210cm斜紋布
8號繡線　適量

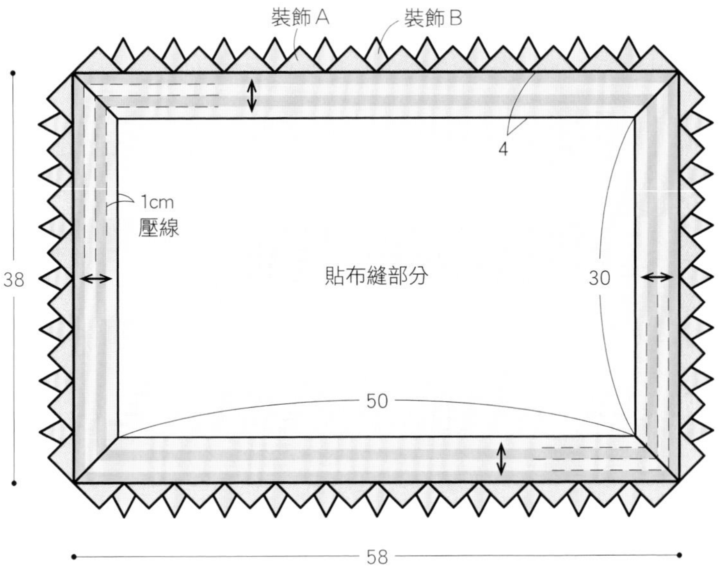

作法　※原寸紙型C面。

1 底布進行貼布縫，與邊框布縫合後，製作表布。
2 表布與棉襯、裡布對齊後壓線。
3 摺裝飾布，縫合於縫份上。
4 完成線上縫上斜紋織帶。

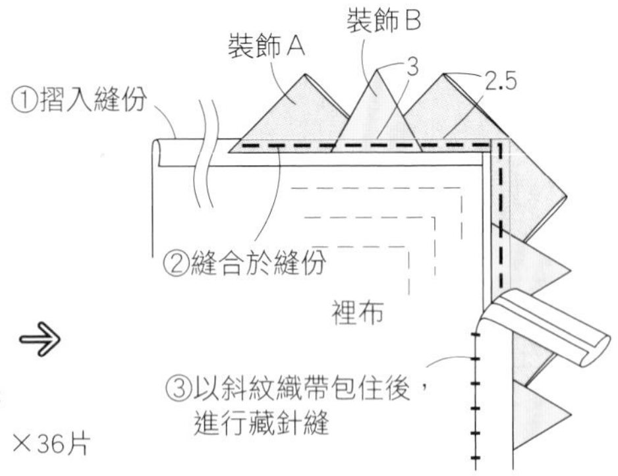

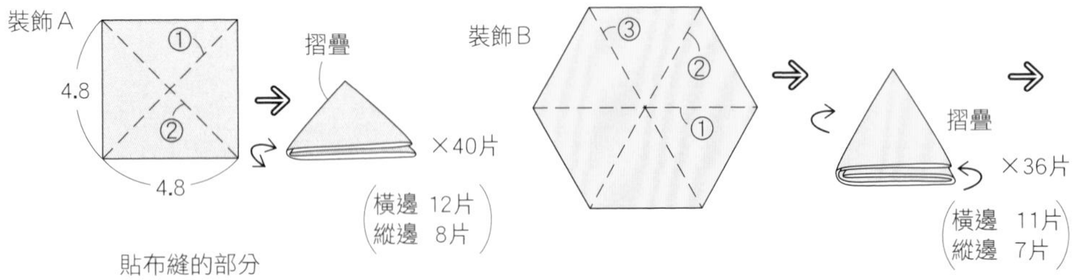

貼布縫的部分

P.8 4 至P.11 7 四季壁飾

材料（共用）
貼布縫用布　適量
底部　寬65cmx15cm
棉襯　寬65cmx15cm
裡布　寬65cmx15cm
滾邊布　寬3.5cmx
65cm的斜紋布
8號繡線　適量

※ 4 5 原寸紙型A面。

※ 6 7 原寸紙型C面。

作法

1 在底布作記號，1至4的各布片進行貼布縫。

2 貼布縫下方部分，縫合縫份。

3 5至9的各布片進行貼布縫。

4 10至14的各布片進行貼布縫，並完成刺繡。重疊完成貼布縫的底布與棉襯。與裡布正面相對後縫合周圍。

5 翻回正面，假縫後壓線。返口進行滾邊。

1

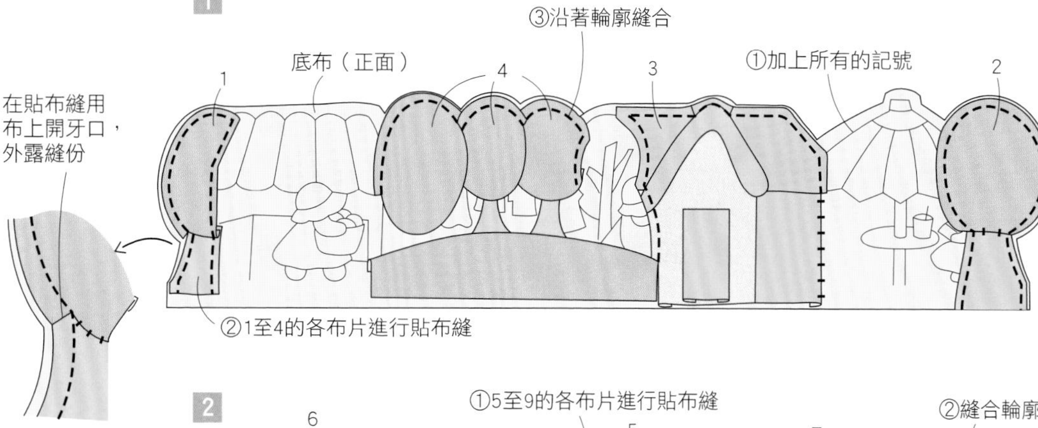

2

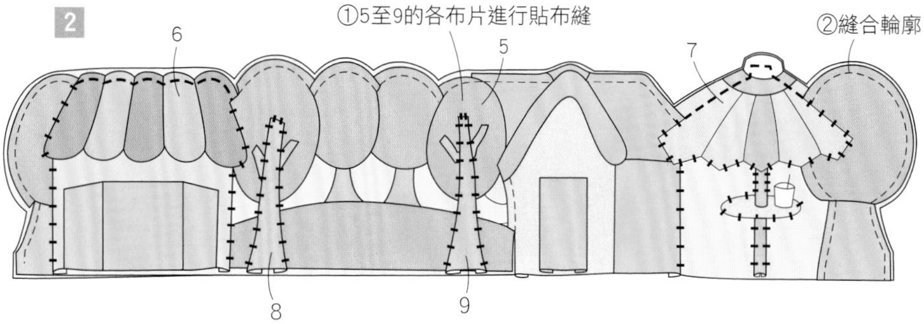

3

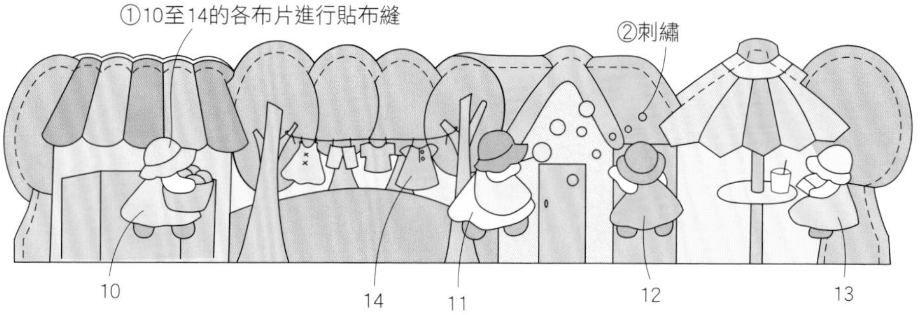

4

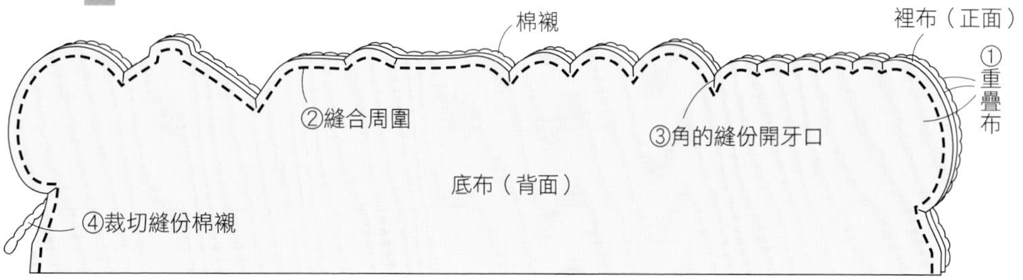

完成

5

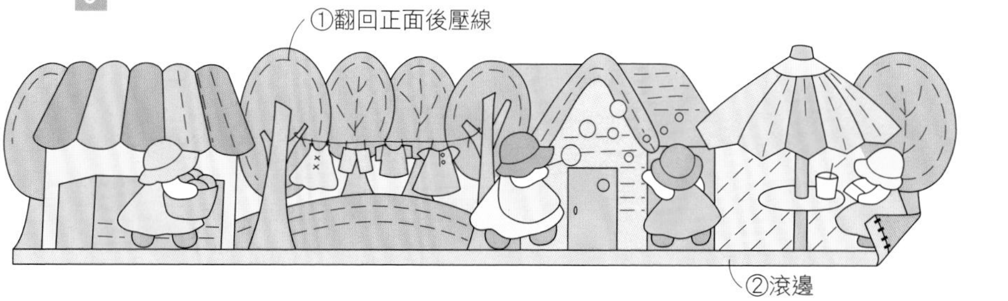

P.8 4 四季壁飾・春天

※沿粗線分成布片，進行貼布縫。

P.9 5 四季壁飾・夏天

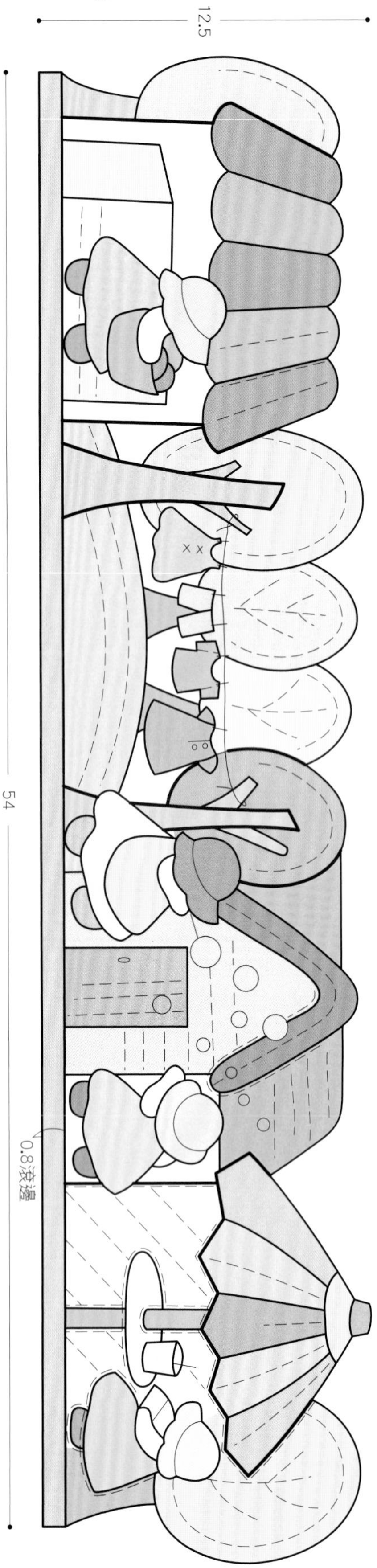

P.10 6 四季壁飾・秋天

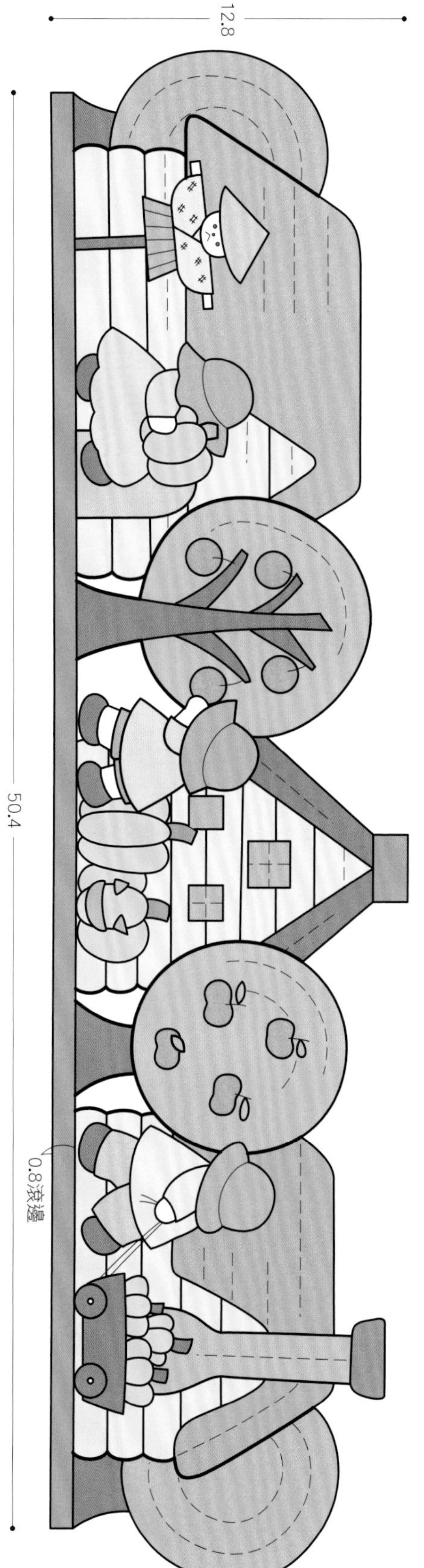

P.10 7 四季壁飾・冬天

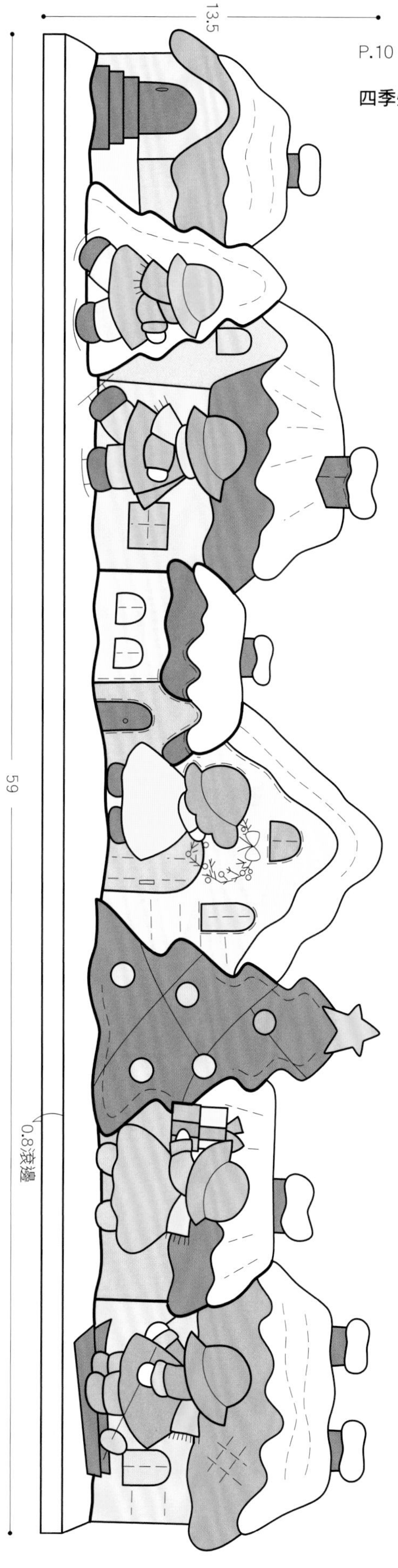

P.27 18 口金包

材料
貼布縫用布　適量
前袋布　寬35cmx30cm
後袋布　寬35cmx30cm
棉襯　寬70cmx30cm
裡布　寬70cmx30cm
織帶　寬2.5cmx15cm
滾邊布　寬3.5cmx55cm的斜紋布
口金（寬20cm）1個
肩背帶　1條

口金

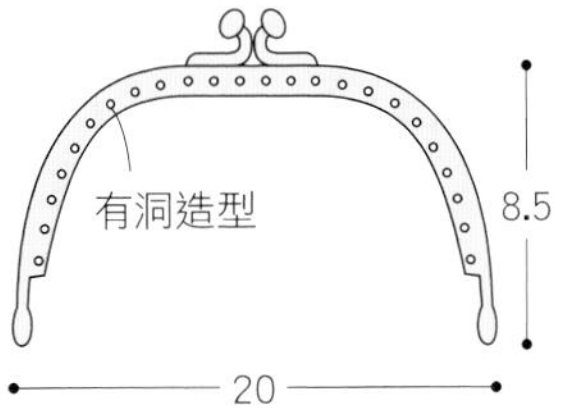

※原寸紙型B面。

前袋布 1 片（表布・棉襯・裡布）

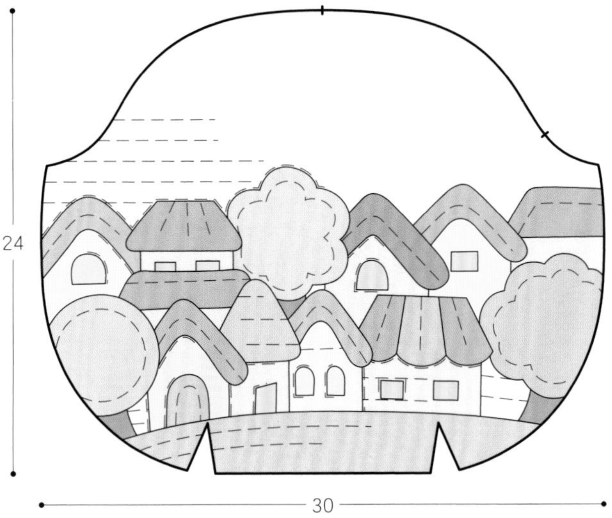

後袋布1片（表布・棉襯・裡布）

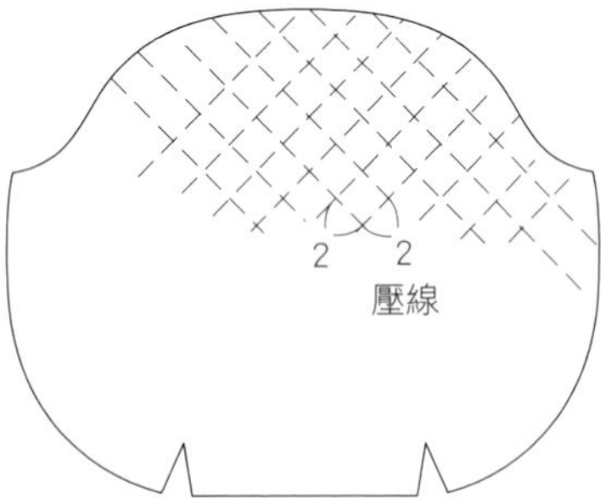

作法

1 前袋布進行貼布縫。與棉襯、裡布重疊後縫合。
翻回正面後，進行假縫並壓線，縫合打褶處。

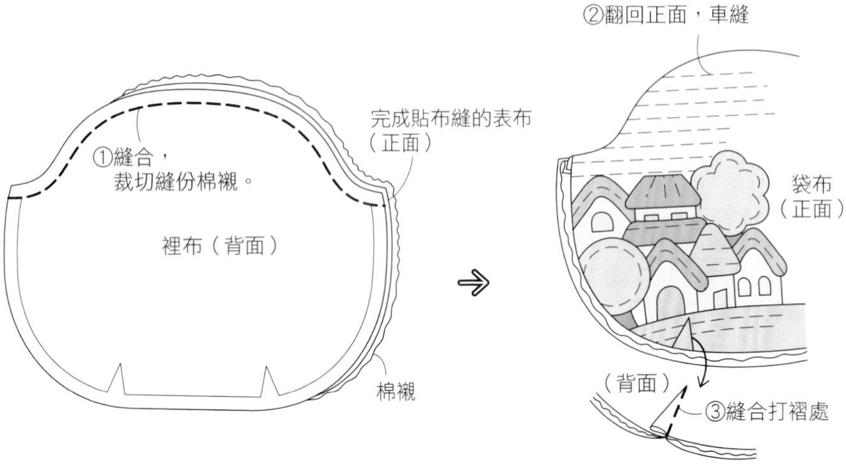

2 後袋布壓線，與前片對齊後，
縫合周圍。

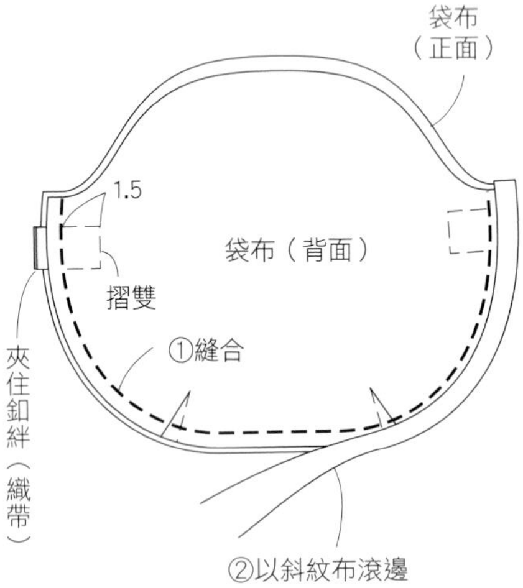

3 在袋布上縫合固定口金。

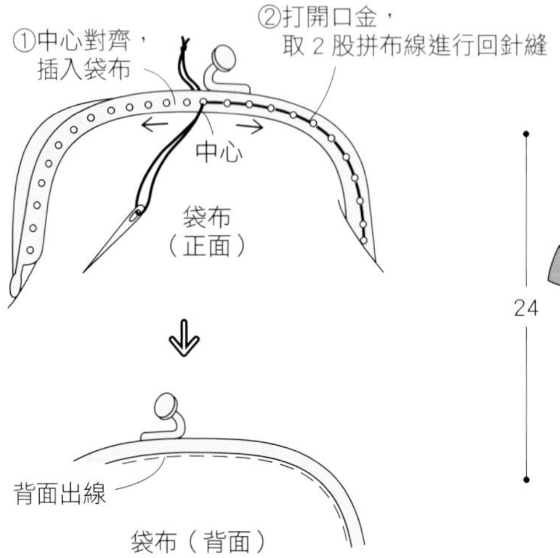

完成

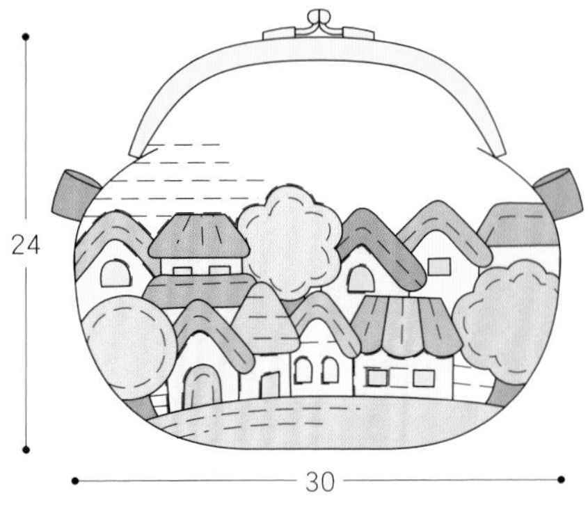

材料

貼布縫用布　適量
底布（圓形與B）合計　寬40cmx20cm
厚毛氈布　寬13cmx13cm　10種種類
釦絆用布　寬25cmx20cm
表布（羊毛）　寬60cmx50cm
裡布　寬60cmx50cm
8號繡線　適量

※原寸紙型P.68。

圓形周圍刺繡

A／鎖鍊繡捲線
B／鎖鍊織補繡
C／蝸牛足跡繡
D／千鳥繡
E／飛鳥繡
F／羽毛繡
G／接針輪廓繡捲線
H／束狀釦眼繡
I／纜線鎖鍊繡
J／纜線繡
K／鎖鍊織補繡

口袋袋口周圍刺繡

A／纜線鎖鍊繡＋殖民結粒繡
C／雙飛鳥繡
D／纜繩繡
E／飛鳥繡＋捲線繡
F／千鳥繡＋殖民結粒繡
G／千鳥繡捲線
H／飛鳥繡捲線
I／接針輪廓繡
J／鎖鍊織補繡
K／鎖鍊繡捲線

口袋周圍刺繡

A／千鳥繡捲線
C／鋸齒鎖鍊繡＋殖民結粒繡
D／鎖鍊繡捲線
E／纜繩繡
F／蝸牛足跡繡
G／飛鳥繡
H／鎖鍊織補繡
I／釦眼繡捲線
J／纜繩鎖鍊繡＋殖民結粒繡
K／鋸齒鎖鍊繡

本體1片（表布・裡布）

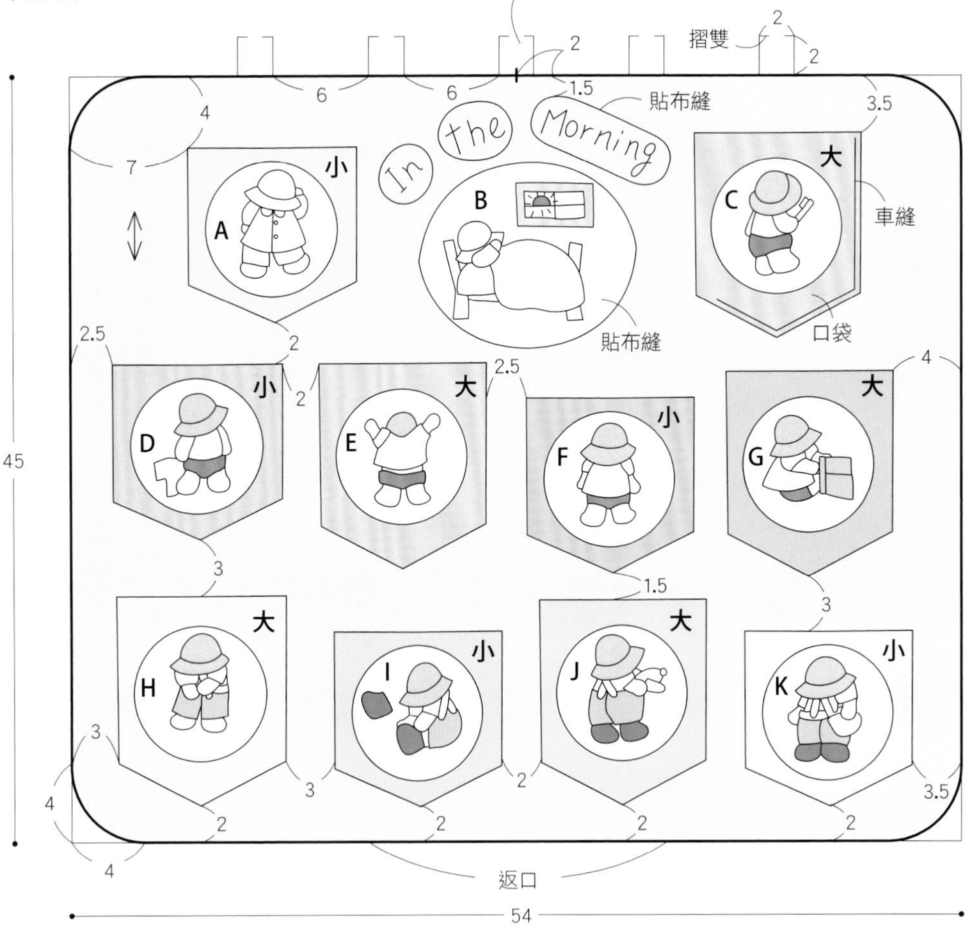

作法

1 圓形的底布進行貼布縫。
2 毛氈布的口袋上，進行圓形貼布縫。
3 製作釦絆，以表布與裡布夾住，縫合周圍。
4 翻回正面，車縫口袋。
5 周圍刺繡。

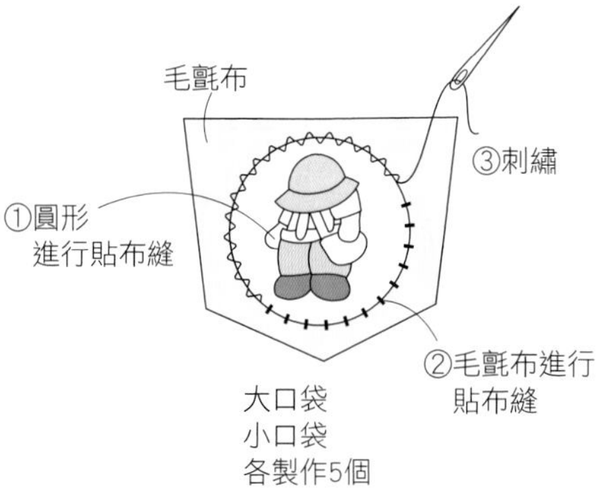

釦絆5片

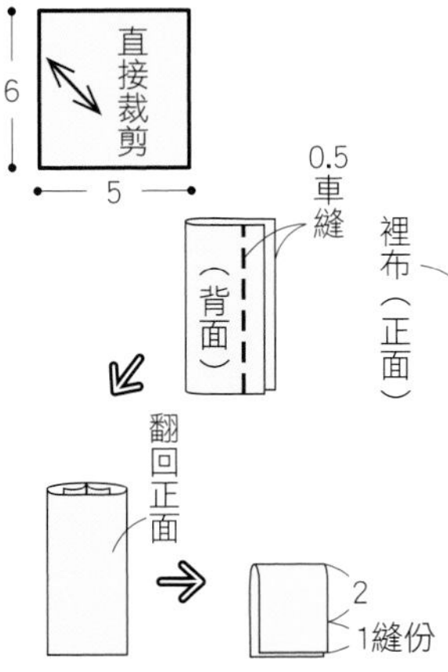

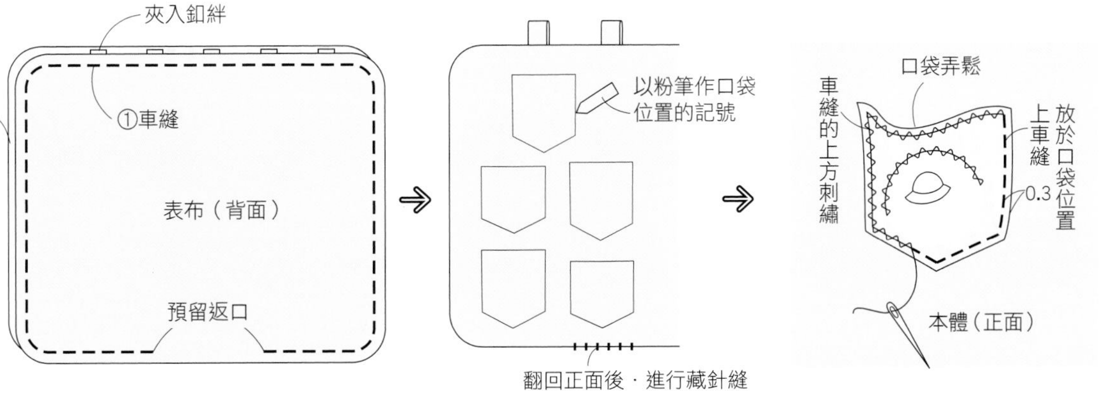

P.52 29 比利的早晨

原寸紙型

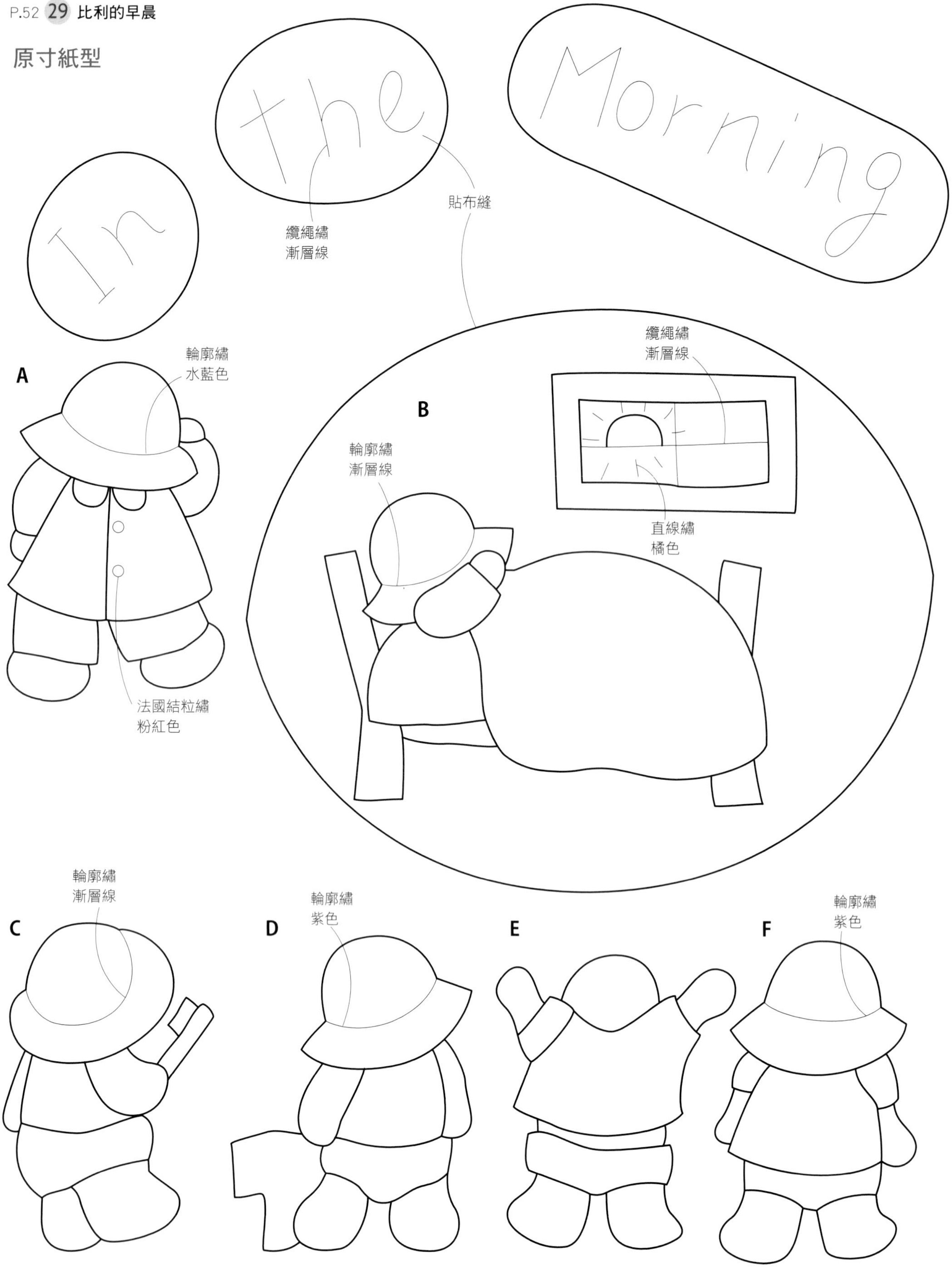

H

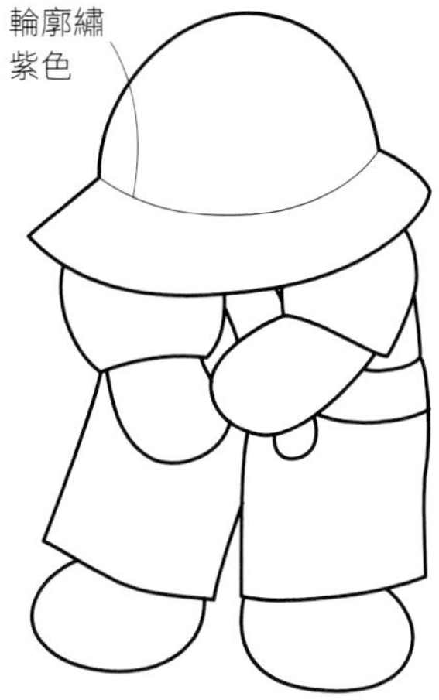
輪廓繡
紫色

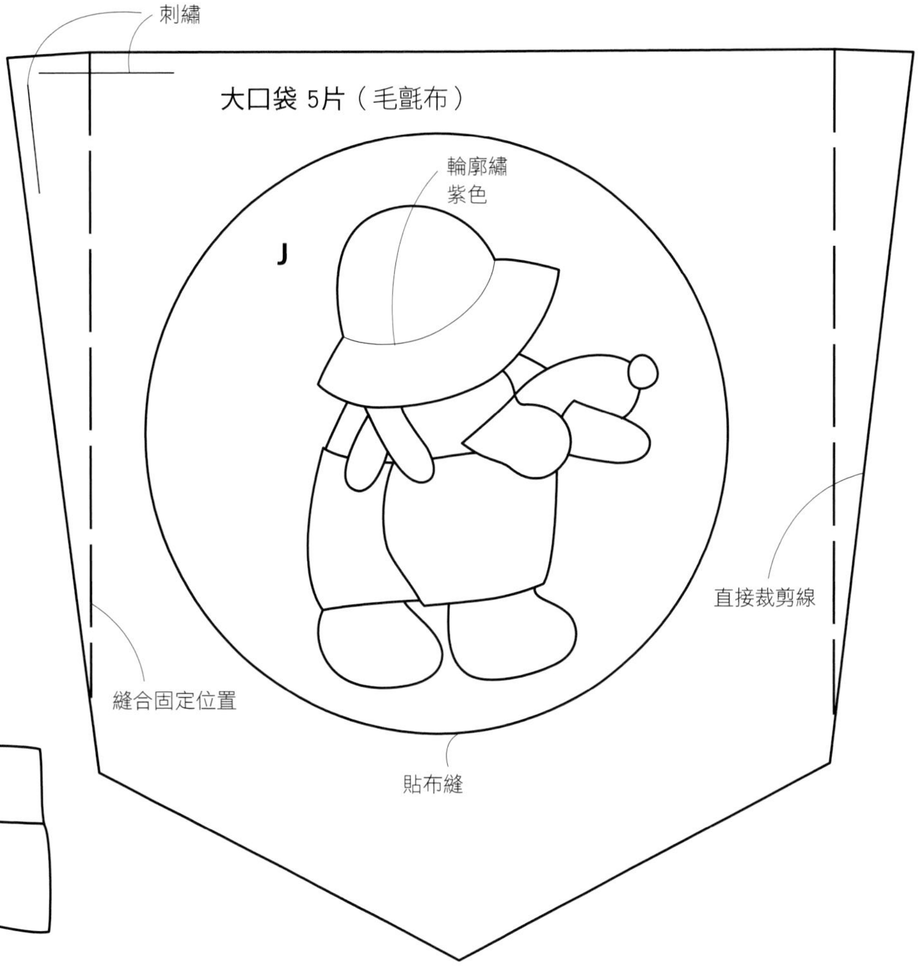
刺繡
大口袋 5片（毛氈布）
輪廓繡
紫色
J
直接裁剪線
縫合固定位置
貼布縫

G

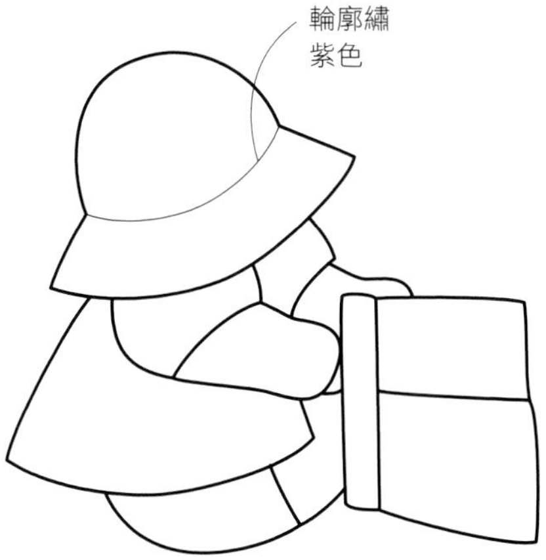
輪廓繡
紫色

I

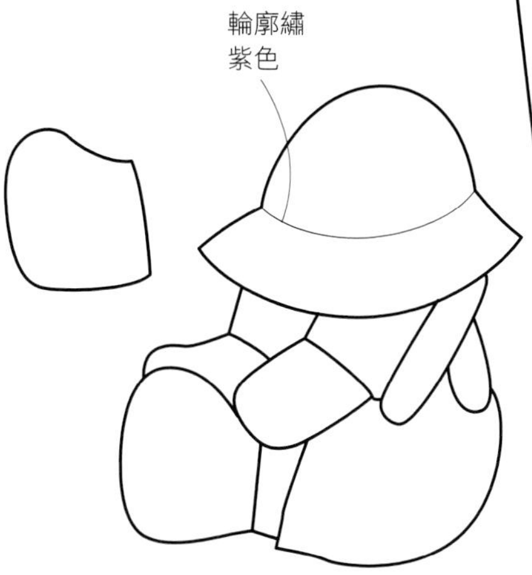
輪廓繡
紫色

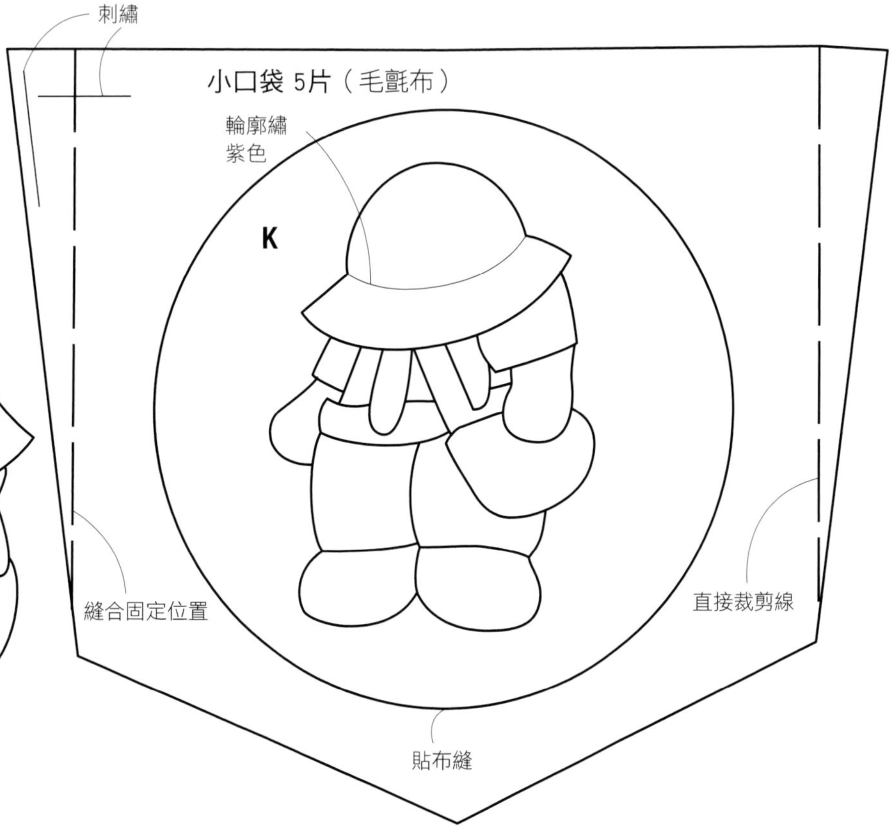
刺繡
小口袋 5片（毛氈布）
輪廓繡
紫色
K
直接裁剪線
縫合固定位置
貼布縫

娃娃
米色法蘭絨　寬30cmx20cm
厚布襯　寬5cmx3cm
馬海毛線　適量
手工藝用棉花　適量
25號繡線（紅色・棕色）

帽子
棉布　寬35cmx12cm
波浪形織帶
（1.2cm寬）35cm

襯衫
棉布　寬30cmx15cm
四合釦（直徑0.5cm）　2個
裝飾用鈕釦
（直徑0.6cm）2個

裙子
表布（棉）寬35cmx35cm
別布（棉）寬20cmx15cm
波浪形織帶（1.5cm寬）35cm
四合釦（直徑0.5cm）2個

靴子
毛氈布　寬20cmx10cm

※靴子的作法在P.75。

原寸紙型

※皆加上0.7縫份後裁切

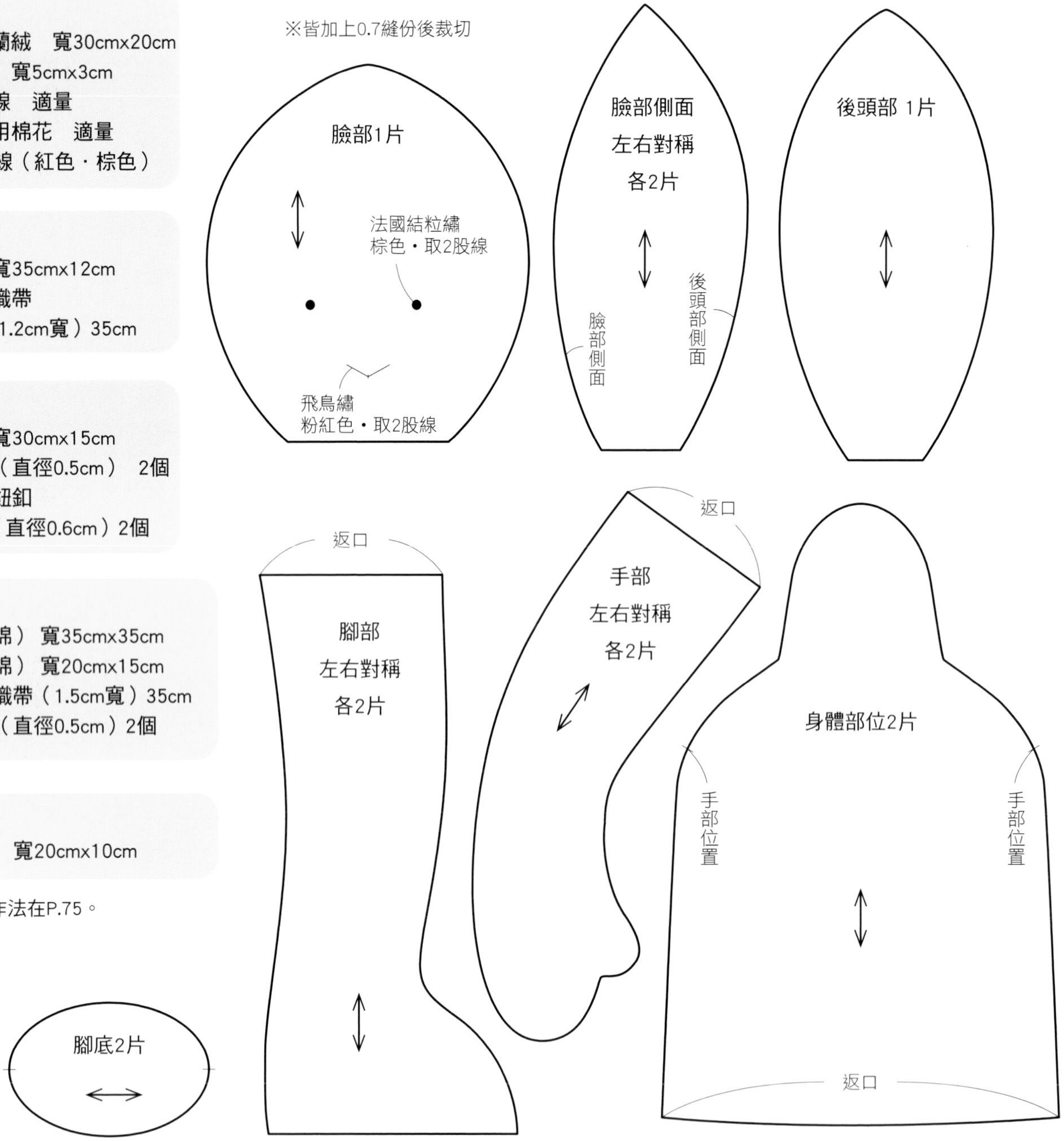

作法

1 縫合腳部，翻回正面。腳底進行平針縫後拉線，與腳部縫合。

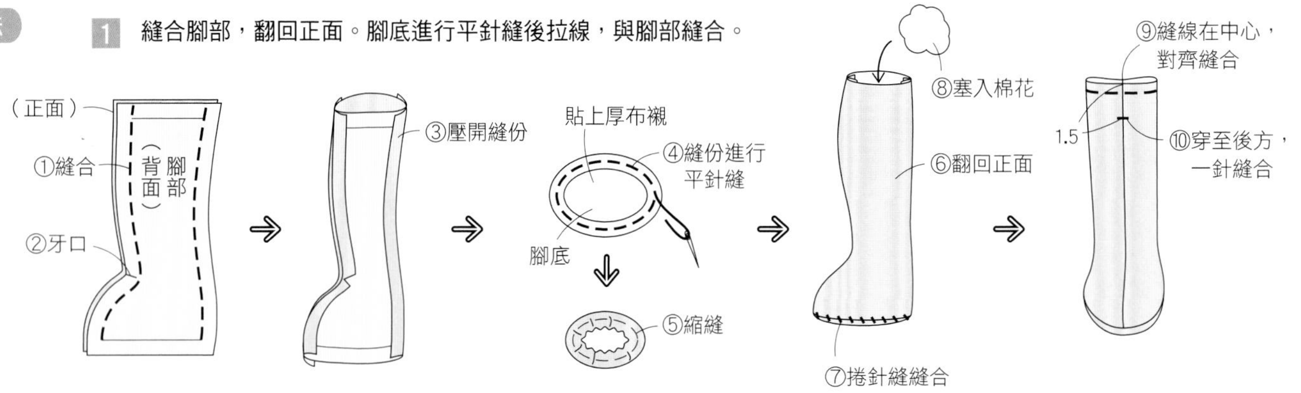

2 縫合身體部位，翻回正面，塞入棉花。放入腳部後縫合。

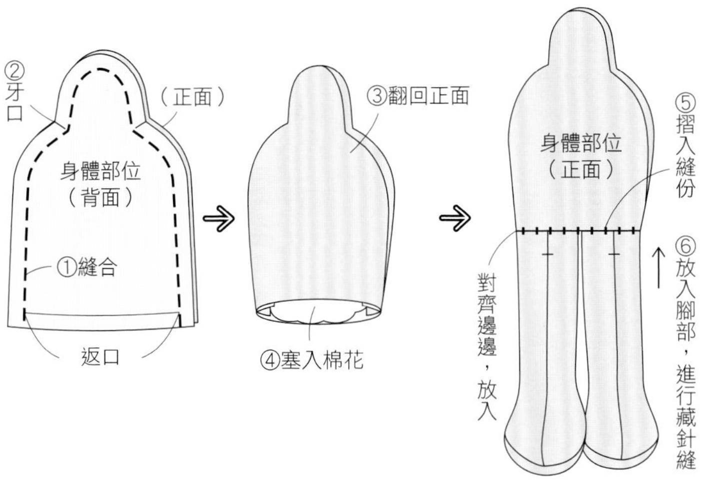

3 縫合手邊，翻回正面後塞入棉花。

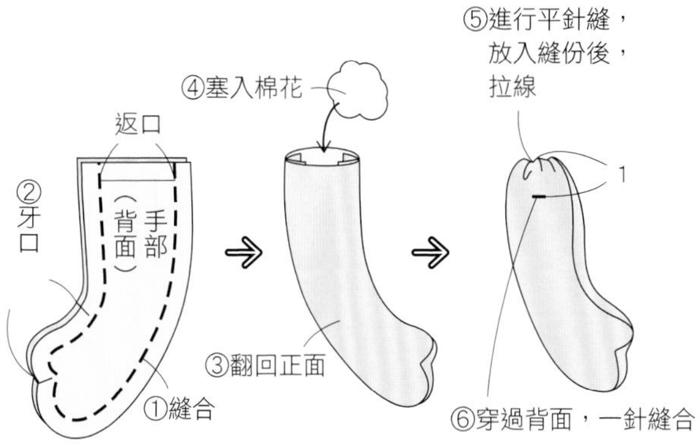

5 縫份進行平針縫，縫合於身體部位。

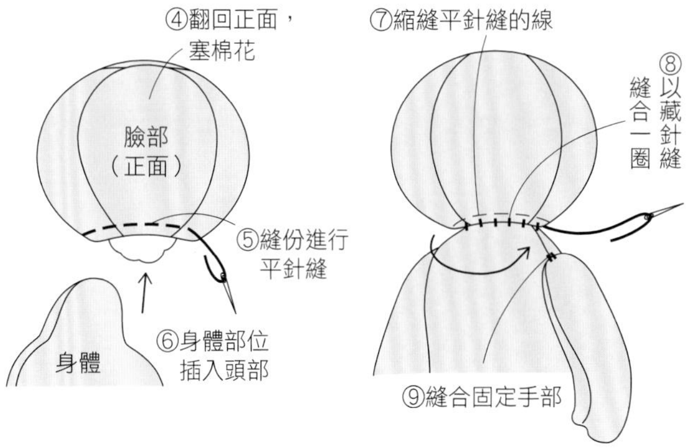

4 縫合後頭部與側面2片。與臉部縫合後，翻回正面，塞入棉花。

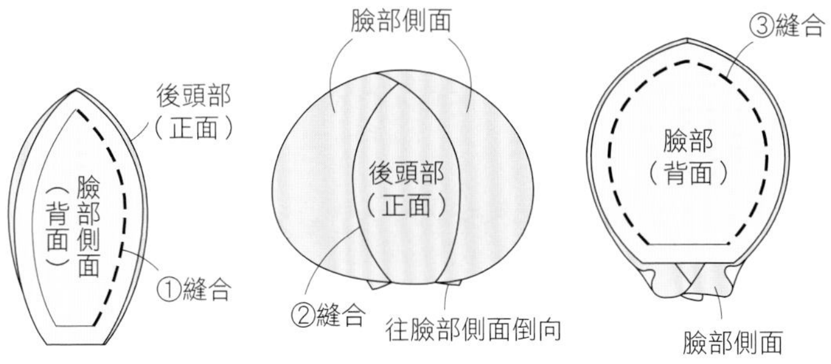

6 瀏海以線繞成圈，縫合於頭部。

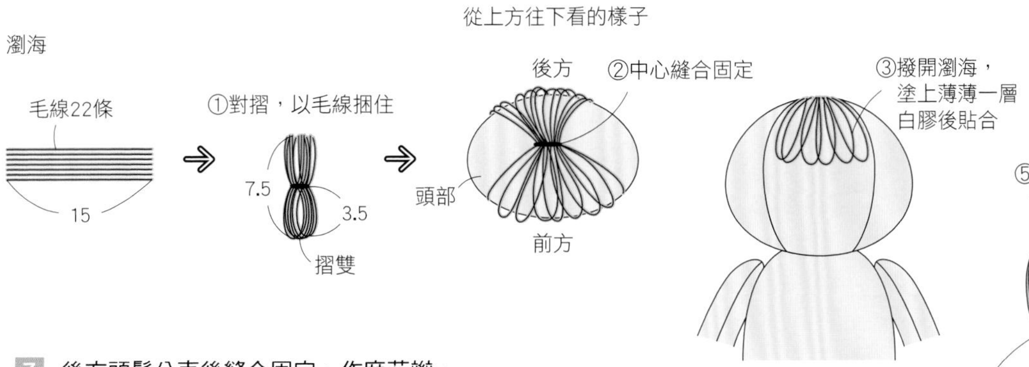

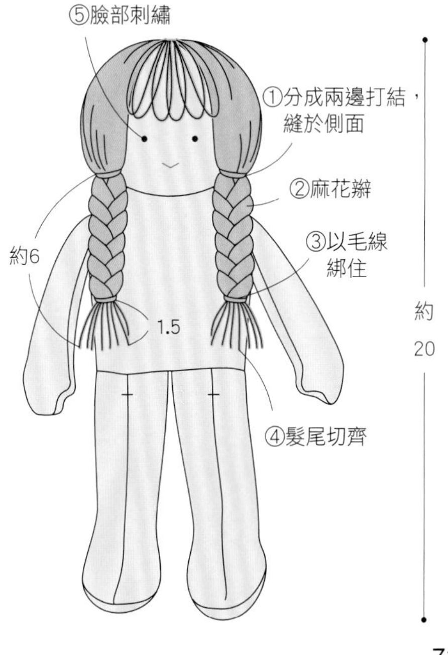

7 後方頭髮分束後縫合固定，作麻花辮。

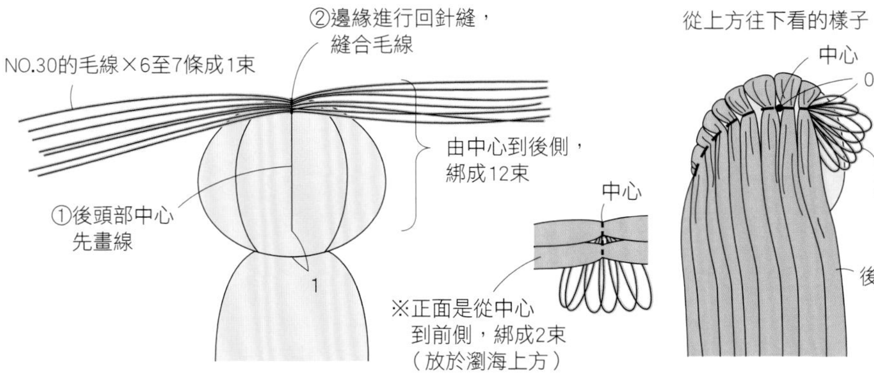

作法　帽子

1 帽子縫上波浪織帶。

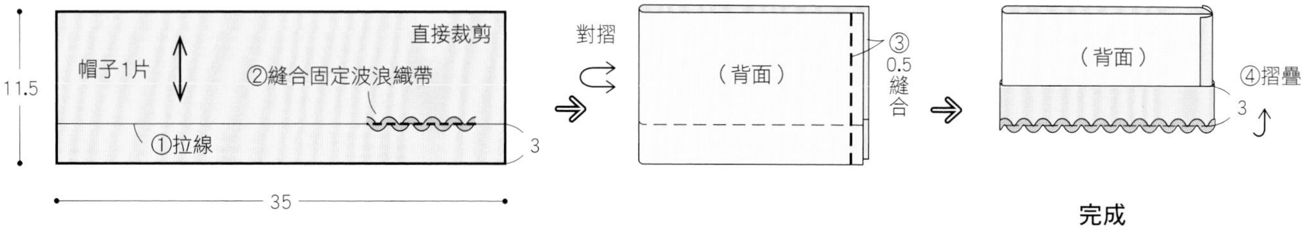

完成

2 上下進行平針縫後拉線，翻回正面。

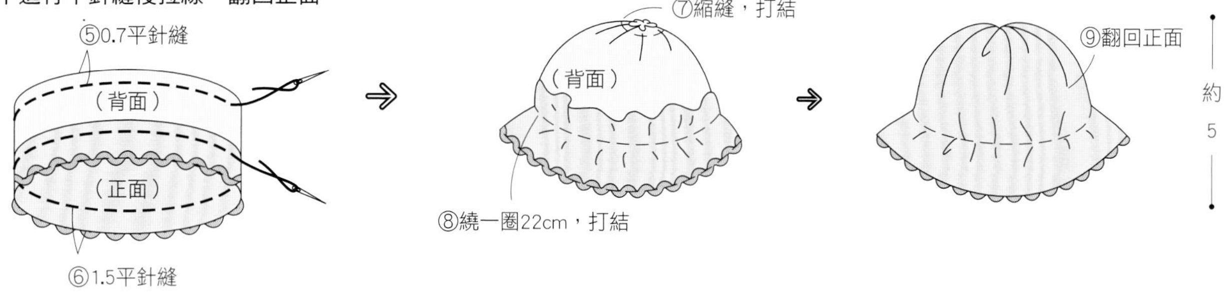

作法　裙子

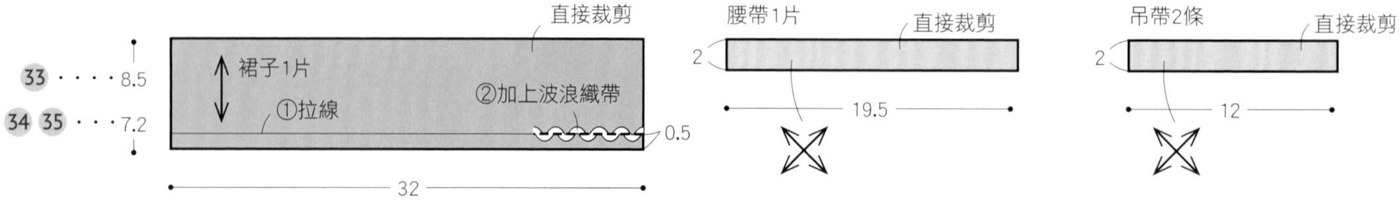

1 裙子縫上波浪織帶，縫合脇邊，抓褶。

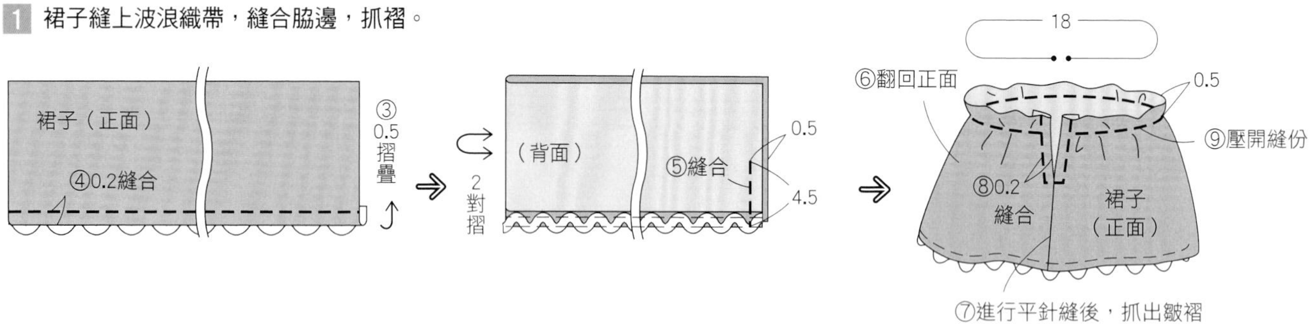

2 以腰帶將裙子圍住縫合。

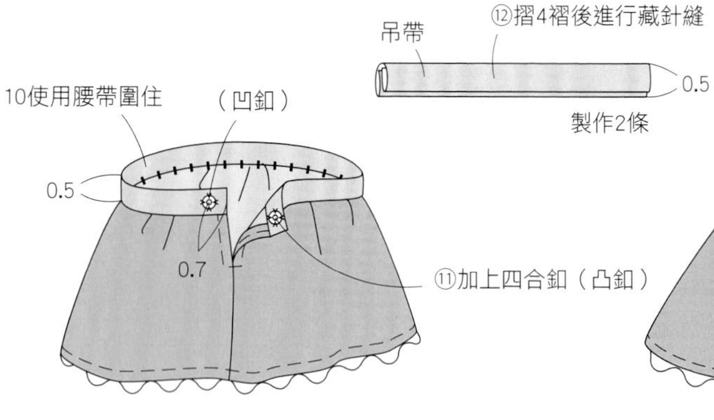

3 縫合吊帶，縫合固定裙子。

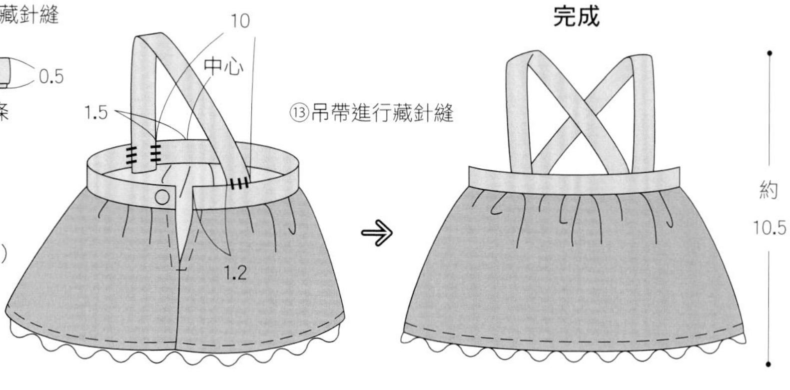

作法

襯衫

1 縫合領子，翻回正面。

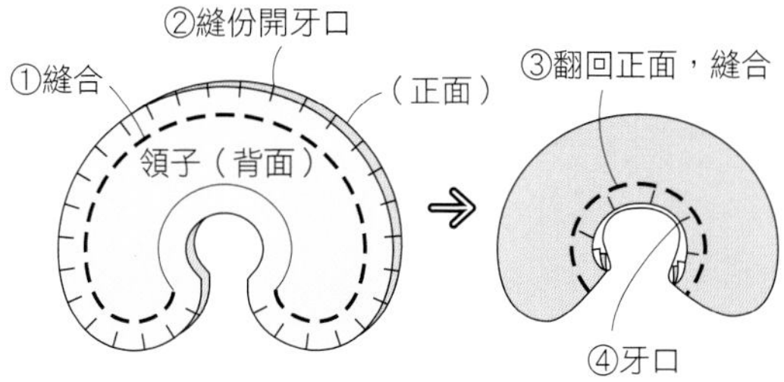

2 以平針縫縫合袖子，拉線。

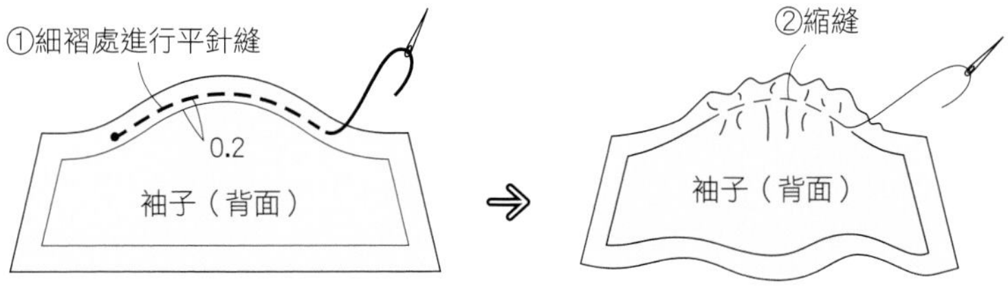

3 前衣身與後衣身對齊，縫合肩線。

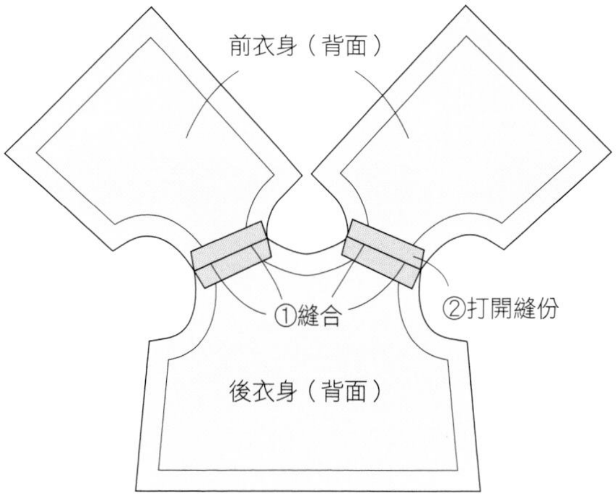

4 衣身與袖子尺寸對齊後縫合。縫合袖子下襬、脇邊。

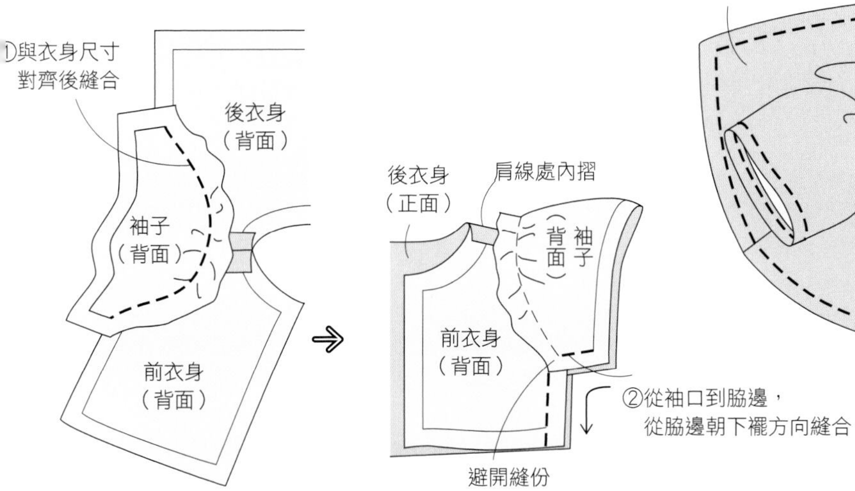

5 摺入前端、下襬、袖口後縫合。加上領子。

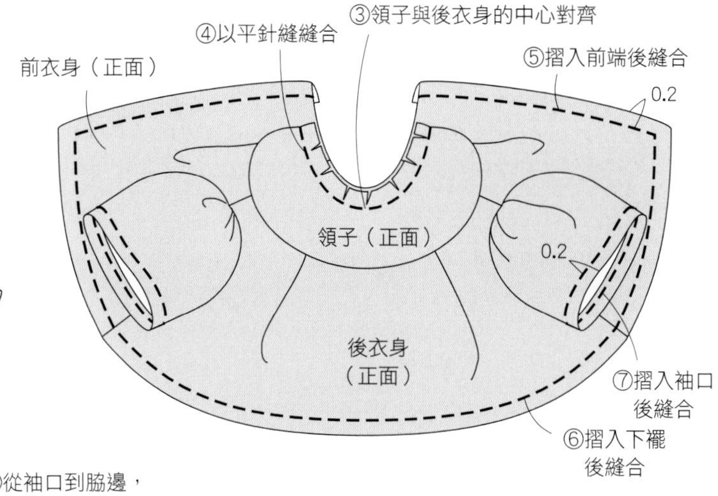

6 縫合領子與衣身的縫份。加上四合釦。

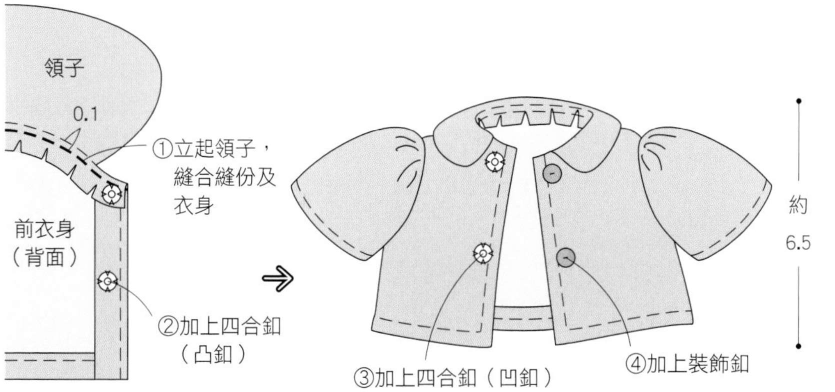

完成

P.59 35 蘇姑娘的變裝娃娃（洋裝）

材料
棉布　寬55cmx20cm
波浪織帶（1cm寬）35cm
四合釦（直徑0.5cm）2個

※原寸紙型在P.75。

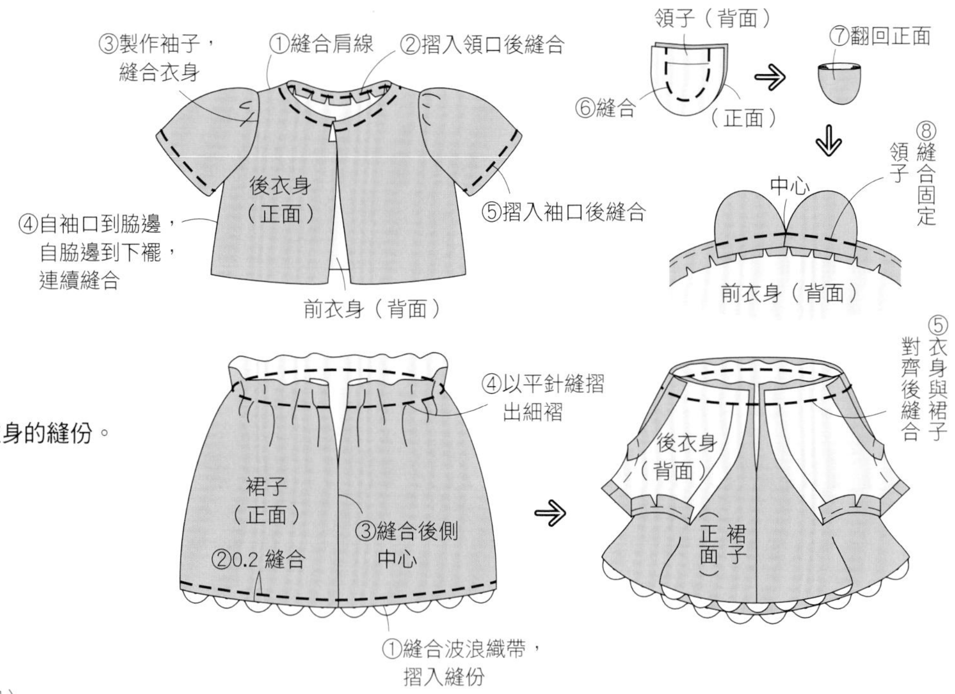

作法

1 參考P.73的襯衫，製作洋裝的衣身。

2 縫合領子後翻回正面，縫合固定於前衣身的縫份。

3 參考P.72，縫合裙子。

4 裙子與衣身對齊後，縫合腰部。

5 摺疊後方開口處後縫合，加上四合釦。

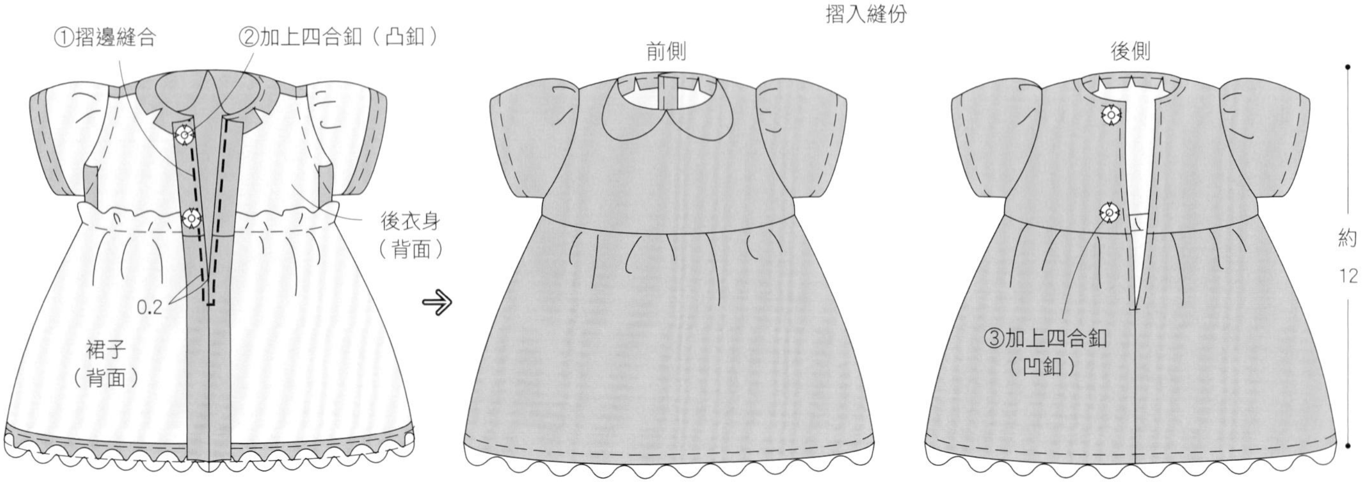

P.59 34 蘇姑娘的變裝娃娃（洋裝）

材料
棉布　寬55cmx20cm
裝飾織帶（0.7cm寬）50cm
四合釦（直徑0.5cm）2個

※原寸紙型在P.75。

作法

35 NO.35的洋裝相同作法（無領）。

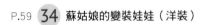

原寸紙型

※裙子參考製圖，袖子與襯衫相同

34 35 洋裝

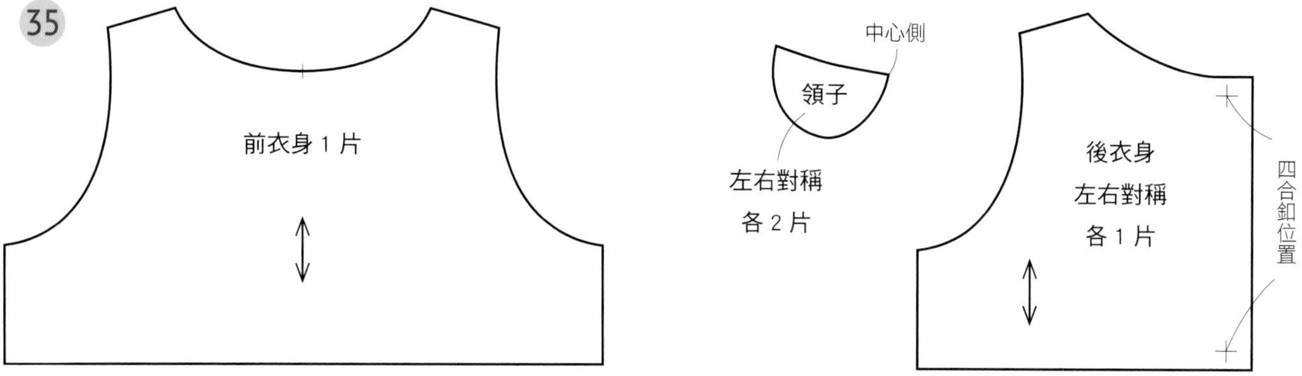

33 襯衫

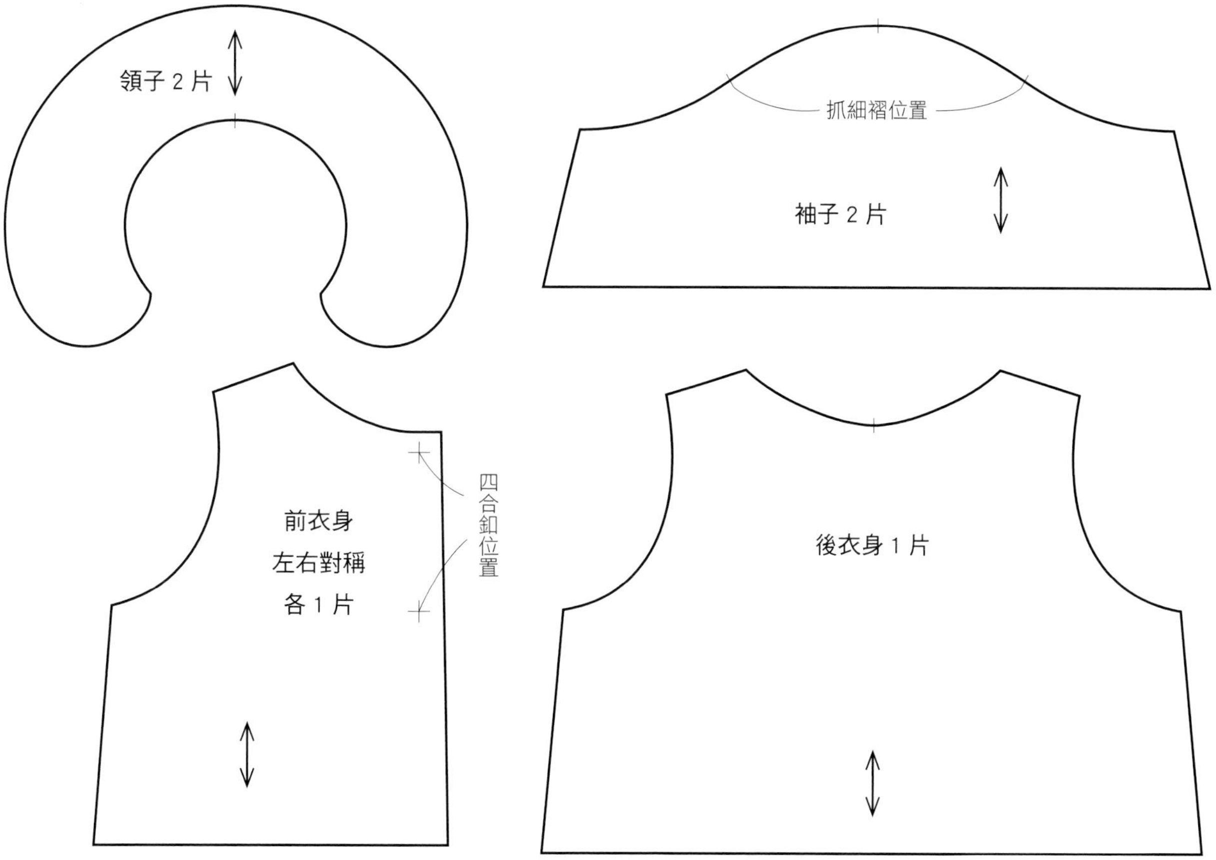

33 靴子

作法

以捲針縫縫合側面，對齊底部縫合。

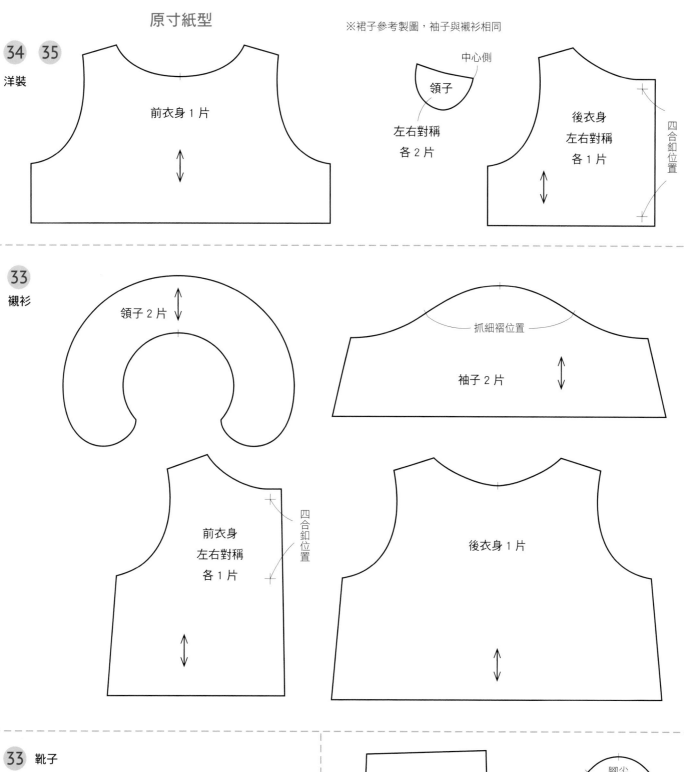

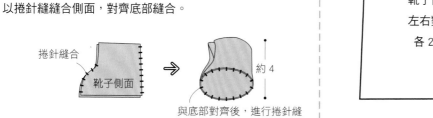

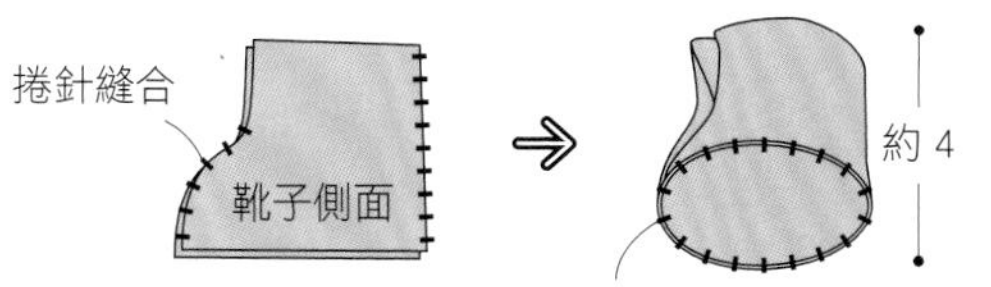

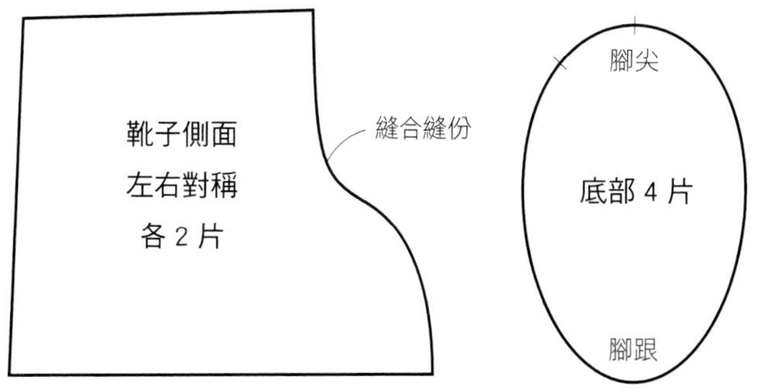

20 曬衣服造型眼鏡盒

材料
貼布縫用布　適量
底布　寬30cmx25cm
棉襯　寬25cmx20cm
裡布　寬25cmx20cm
釦絆・包釦布　寬10cmx10cm
補強布　寬2.5cmx50cm的斜紋布
附膠棉襯　寬5cmx5cm
包釦（直徑2.2cm）1個
磁釦（直徑1.5cm）1組
提把口金（18cm）1組
8號繡線　適量

※原寸紙型C面。

袋布1片（表布・棉襯・裡布）

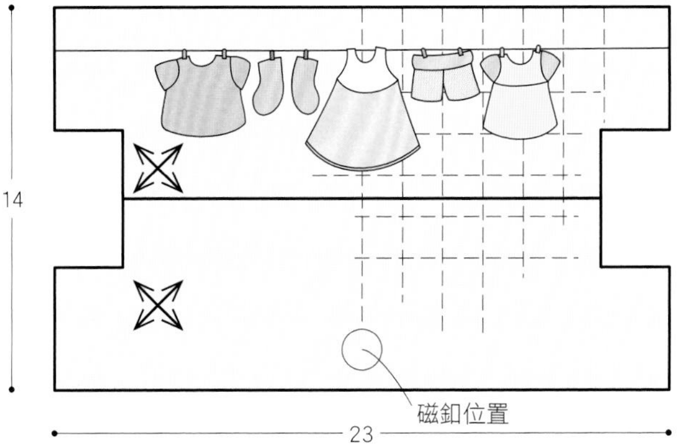

釦絆1片
（布2片・附膠棉襯1片）

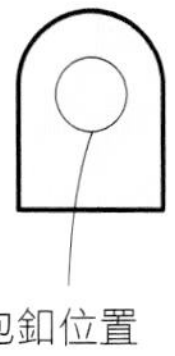

作法

1 縫合底布，貼布縫。
與棉襯、裡布重疊後縫合兩脇邊。

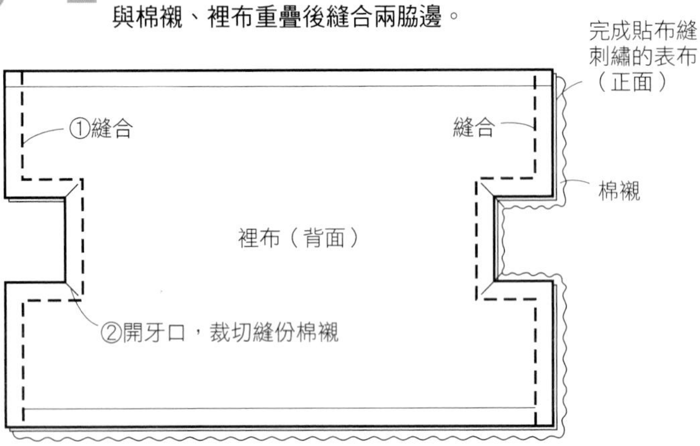

2 翻回正面後，進行假縫並壓線。

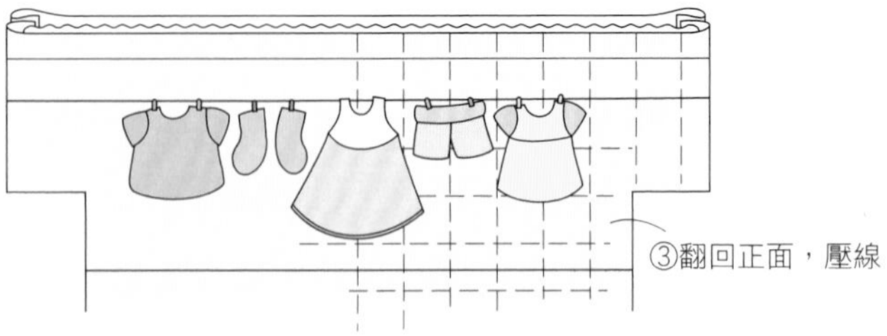

3 縫合釦絆。包住包釦，進行藏針縫。

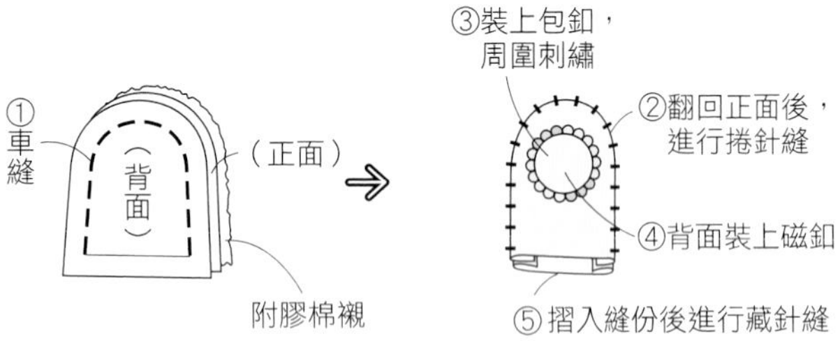

4 袋布縫合補強布。翻回正面，進行藏針縫。

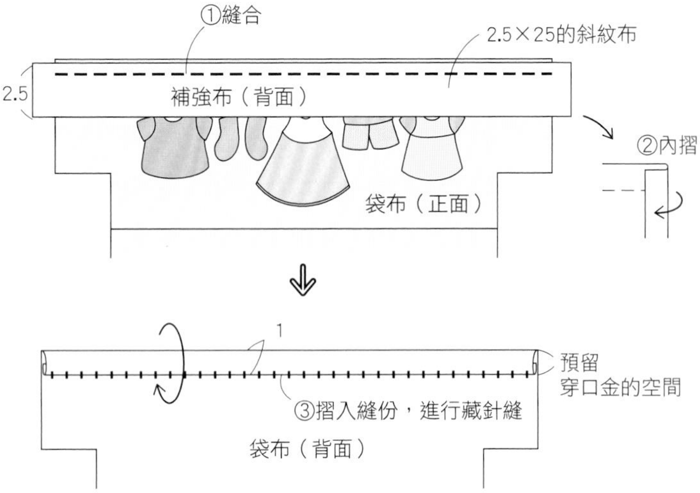

5 脇邊、側身進行藏針縫，補強布上穿入口金。

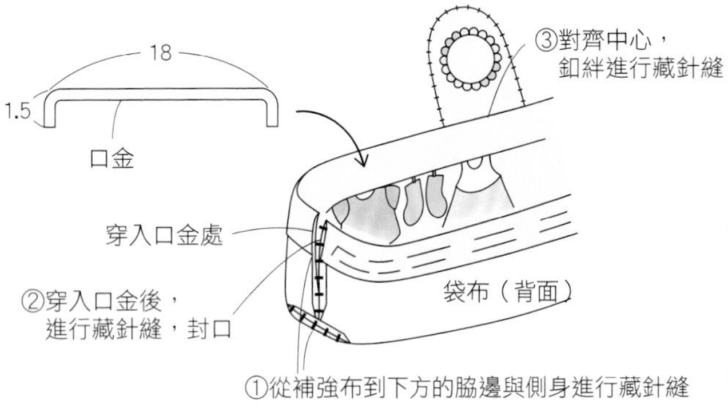

完成

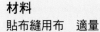

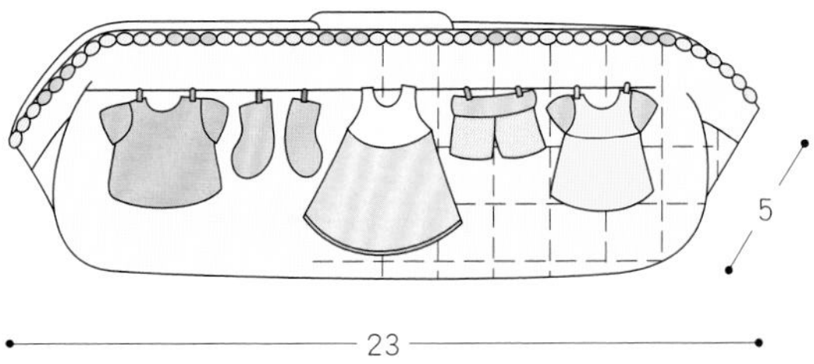

製作作品前

貼布縫基本功

貼布縫

■ 何謂貼布縫

底布上方放上別的布料，以直針藏針縫縫合，
稱之為貼布縫。

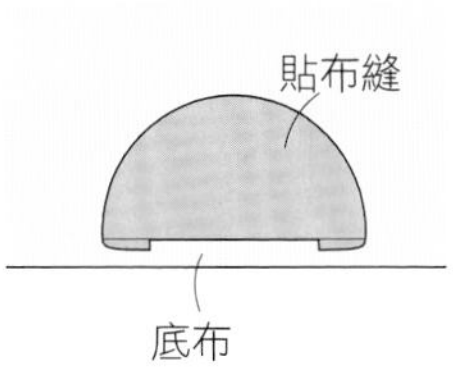

從上方往下看的樣子

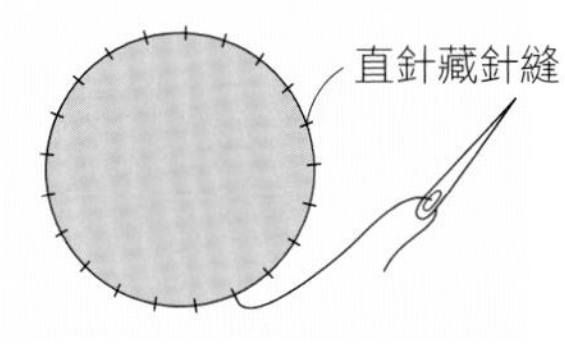

■ 貼布縫的順序

貼布縫從圖案下方位置開始，
依順序縫合。

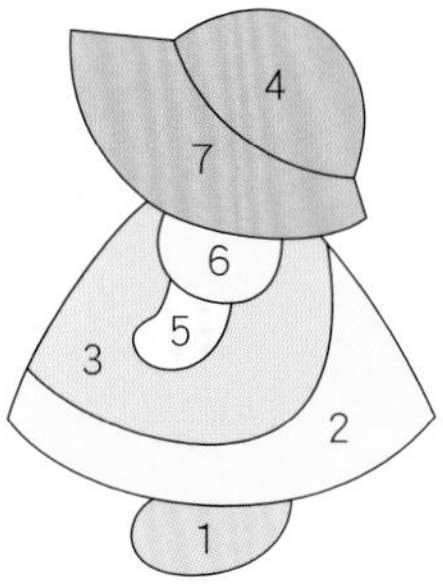

■ 加縫份的方法

圖案下方的部分，加上0.5cm
的縫份。

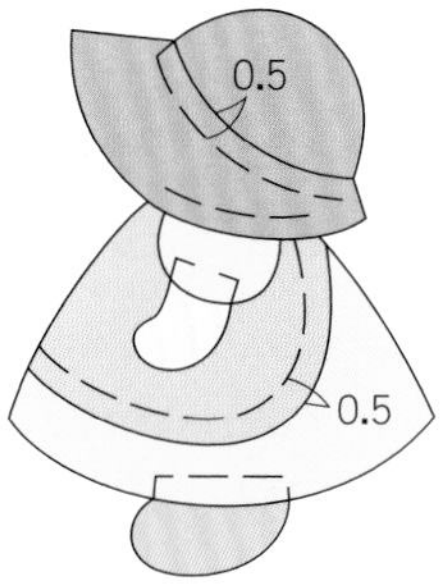

■ 圖案的複寫法

底布放上布用複寫紙等，在上方放圖案，
以原子筆描圖案。

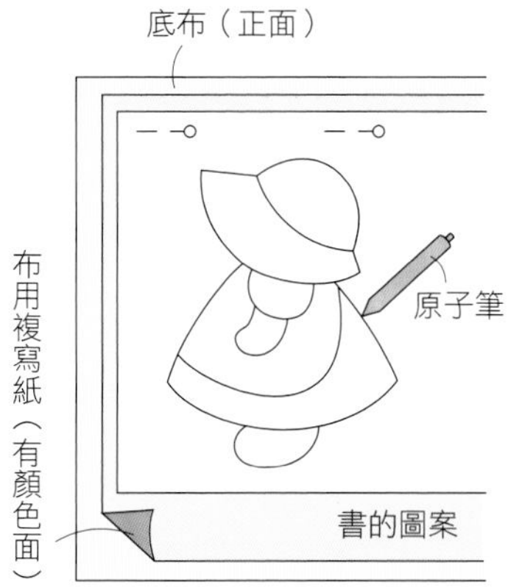

使用市售的複寫紙時

紙型上放置布用複寫紙不織布，以鉛筆描繪穿透的圖案。放於底布上方，
若使用專門的馬克筆描，墨水會透過不織布，印在布上。

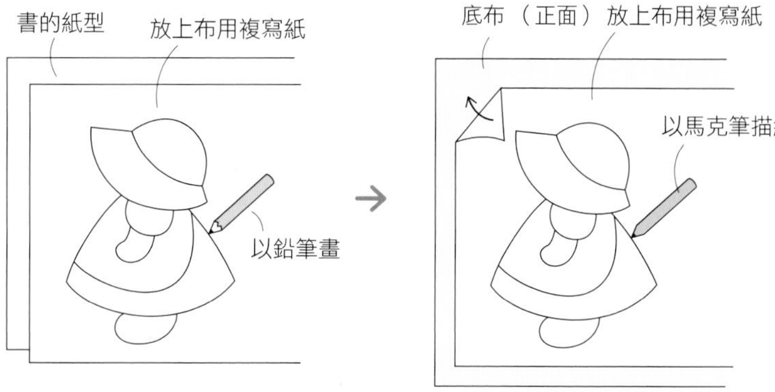

■ 貼布縫

裁剪貼布縫的布料。在布的正面放上紙型，
加上縫份後，作記號。裁剪縫份。

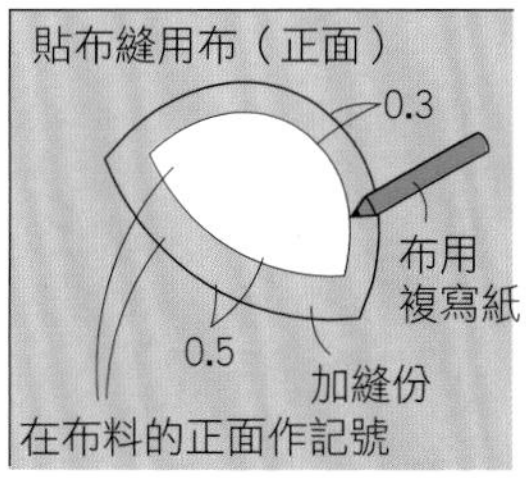

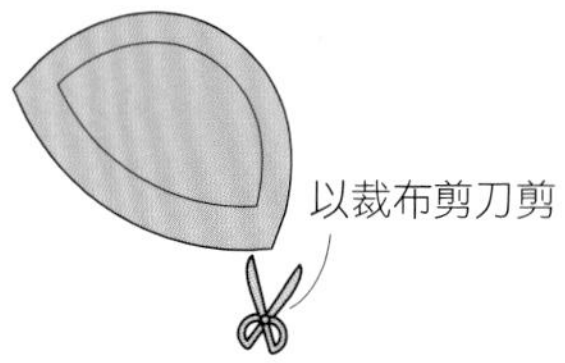

在底布複寫貼布縫的圖案。貼布縫用布以珠針固定，
摺入縫份後，以直針藏針縫縫合。

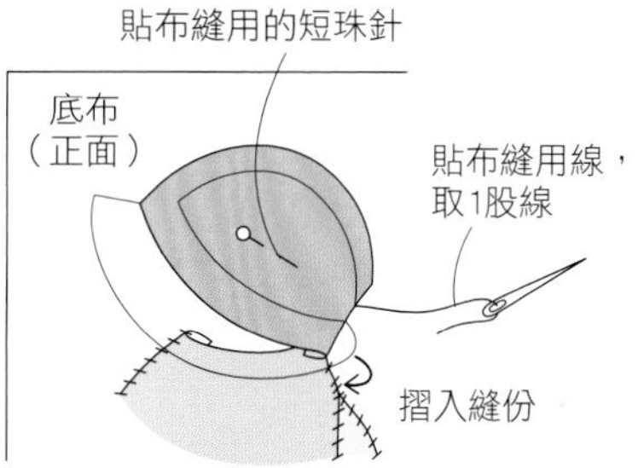

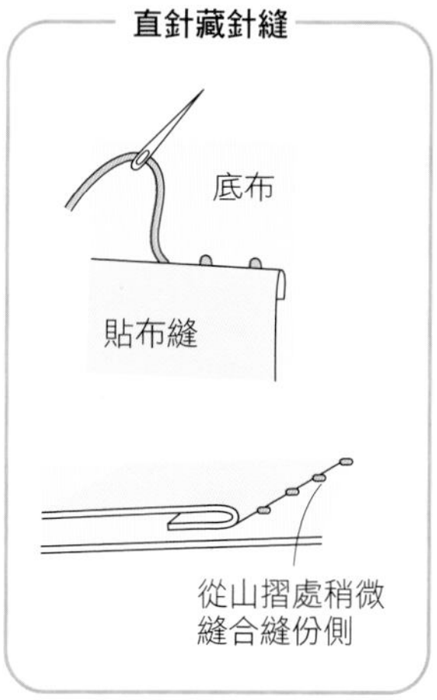

從下方的布片開始組合。
貼布縫上方的縫份以粗針趾縫合。

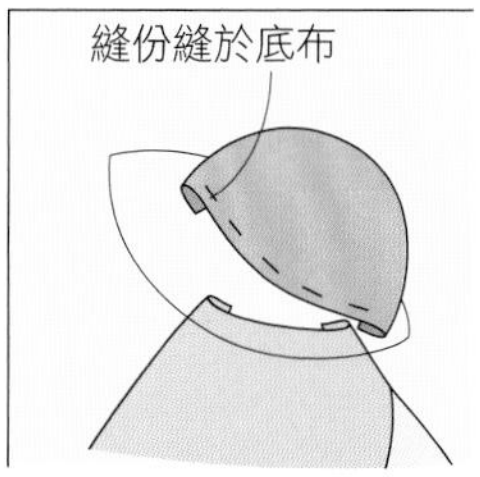

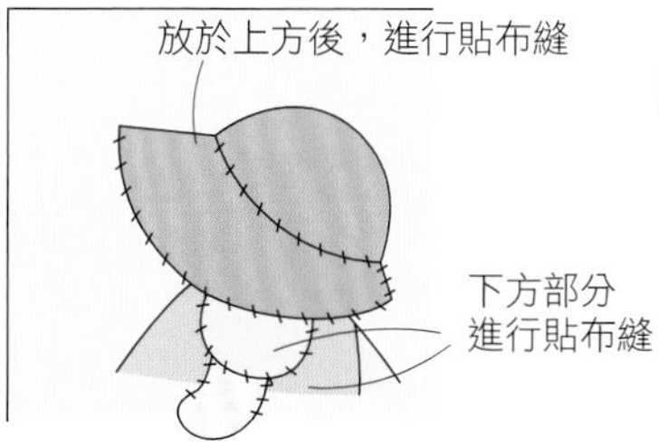

內彎弧處的布片開牙口

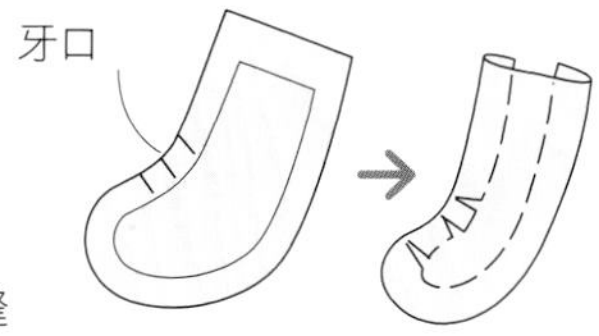

假縫

假縫是壓線的準備。拼接或貼布縫後成為一片布的狀態稱為表布。

■ 畫壓線的線

使用布用自動鉛筆在表布上畫線。
使用方眼量尺，方便畫出格子壓線。
顏色深的布使用白色及黃色會比較顯眼。

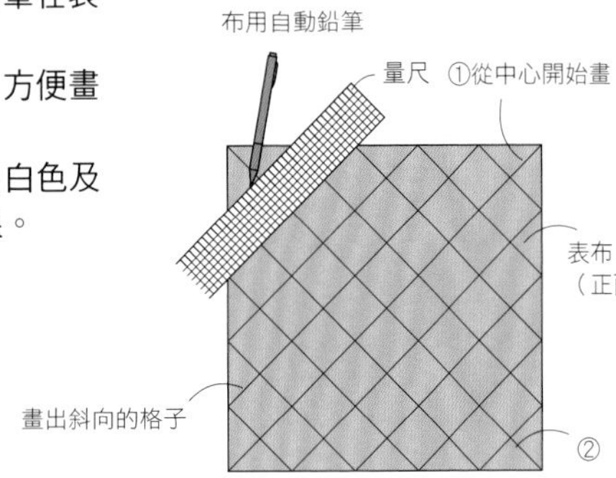

■ 假縫的順序

重疊表布與棉襯、裡布後，以假縫線縫合。
在平坦的桌子上，重疊3片後固定，以珠針暫時固定。從中心向外以放射狀方式縫合。

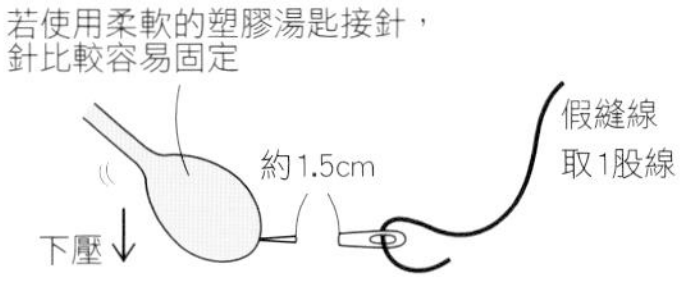

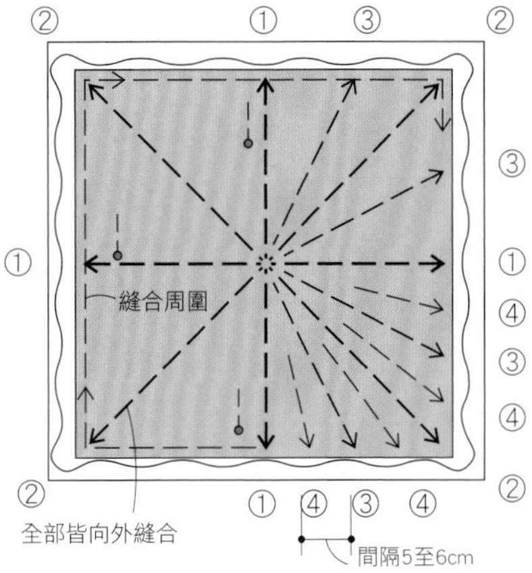

壓線

縫合假縫完成的3片布，稱之為壓線。

■ 種類

有縫合貼布縫及拼接內側及外側的輪廓繡壓線、
貼布縫邊端的落針壓線、自由地描繪出弧線的波浪壓線。

輪廓繡壓線

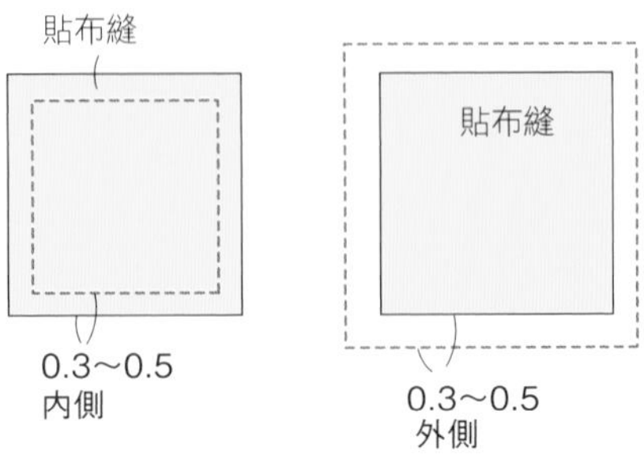

落針壓線

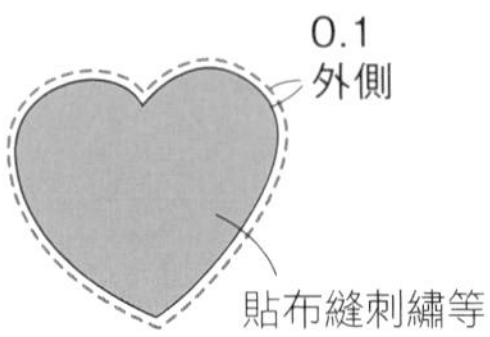

波浪壓線

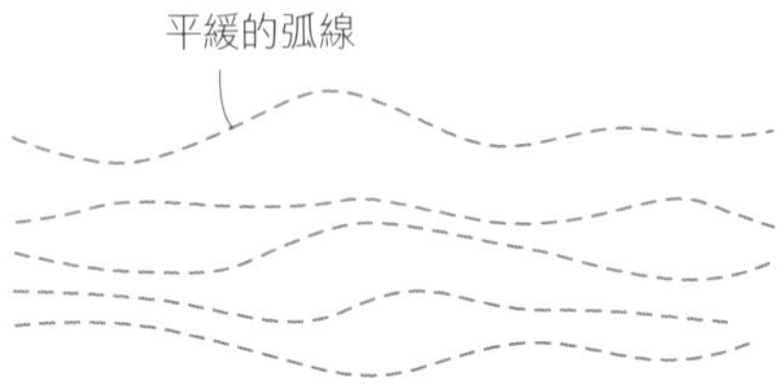

■ 線與針趾

取1股壓線用線縫合。整體選用原色、灰色等淺色系，
或配合布的顏色來選線的顏色。針穿過裡布，針趾統一為0.1至0.2cm。
進行壓線通常會在始縫處、止縫處、及布的表面作處理。壓線結束後，再拆下假縫線。

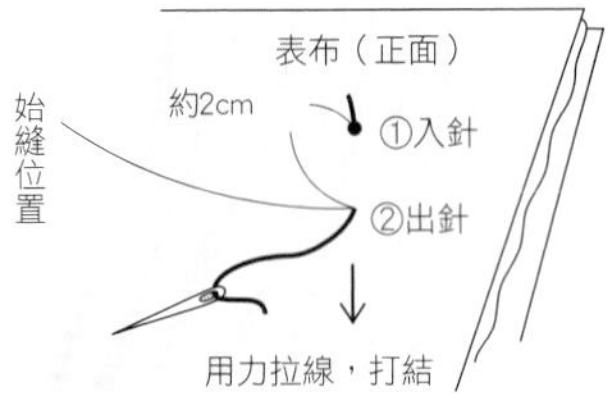

從側面看針趾的樣子

■ 頂針的使用方法

以皮革製指套套入中指，另一手戴上頂針，施力時使用邊角頂著平坦面，再拔針。

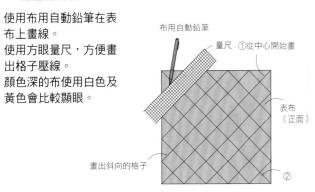

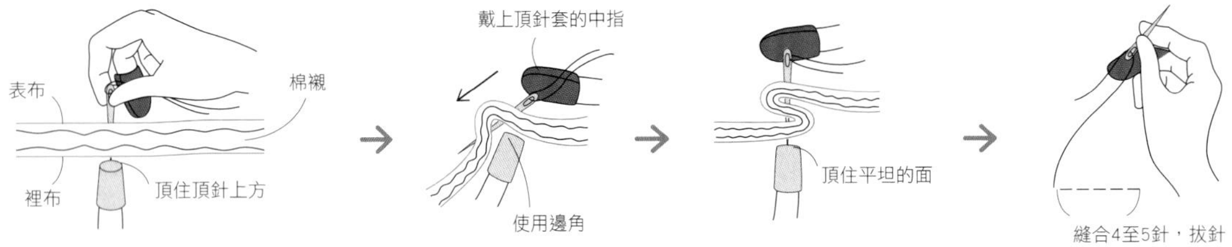

■ 小作品的壓線

如同平針縫一樣，朝著操作者的方向縫合。
3片布容易滑動，先以假縫仔細地固定。

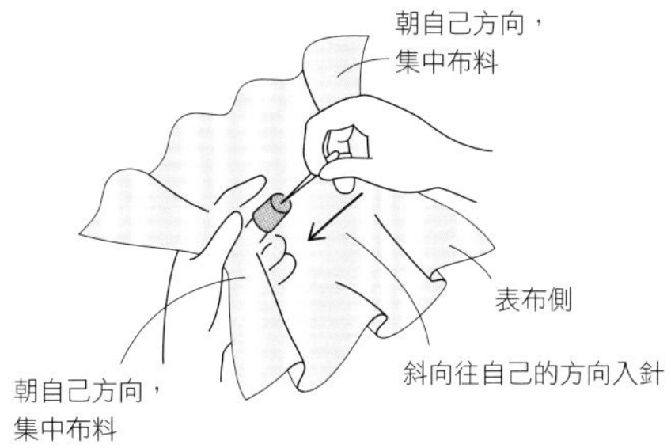

■ 使用壓線框的壓線

包包及拼布等大型作品使用壓線框時，能製作出漂亮的縫線。
鬆開壓線框夾入布料，壓在桌子邊緣，張開兩手，使用頂針的縫法。

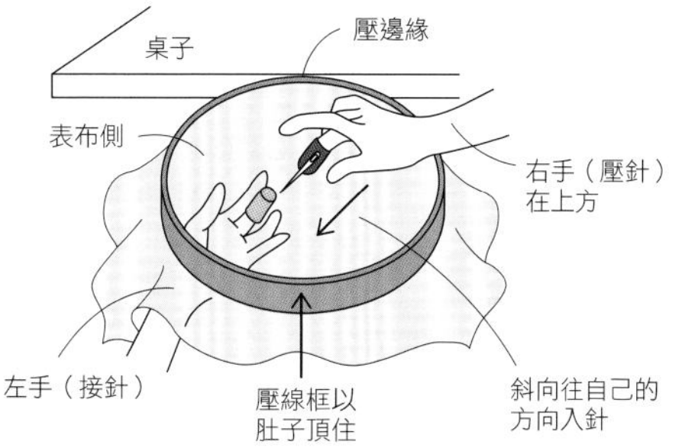

從側面看的樣子

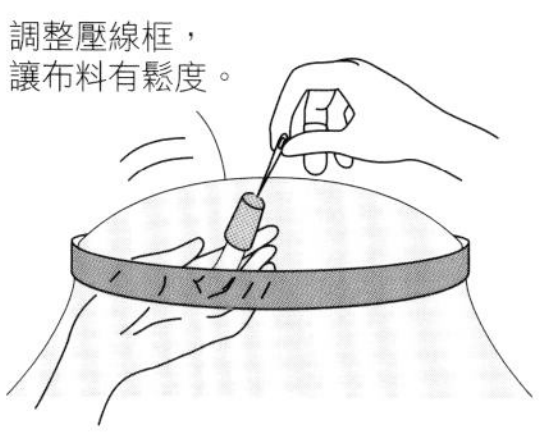

滾邊

將完成壓線的布邊作修飾稱之為滾邊。
寬3.5cm的斜紋布能製作0.7至0.8cm的滾邊。

裁切斜紋布，縫合後，接成長條形。縫至記號處，摺疊，跳過縫份後縫合。包住邊端後，進行藏針縫。

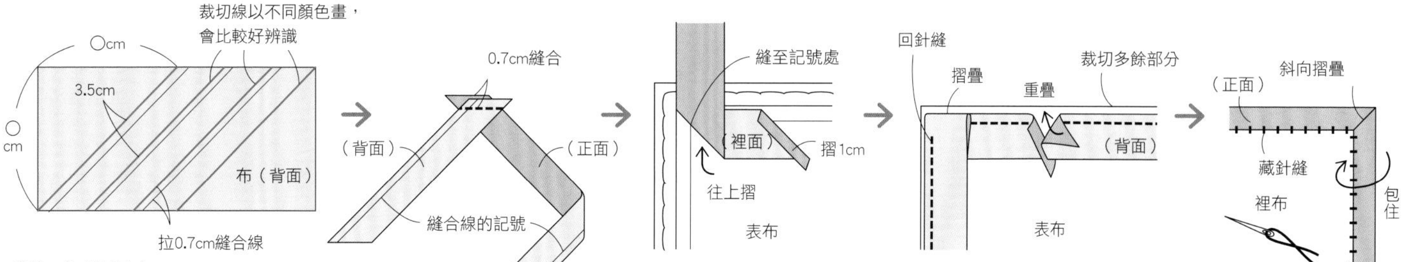

※○cm為相同尺寸

拼布的拼接法

包包的組合，或是抓袋角的側身時，經常以捲針縫完成，
接合側身、袋底或是組合裡布也都會運用到此縫法。

■ 捲針縫縫法

鋪棉、裡布、表布疊合後縫合周圍，再翻至正面以藏針縫縫合返口，
並在表布進行壓線，對齊表布、裡布，再以捲針縫細密地接合。

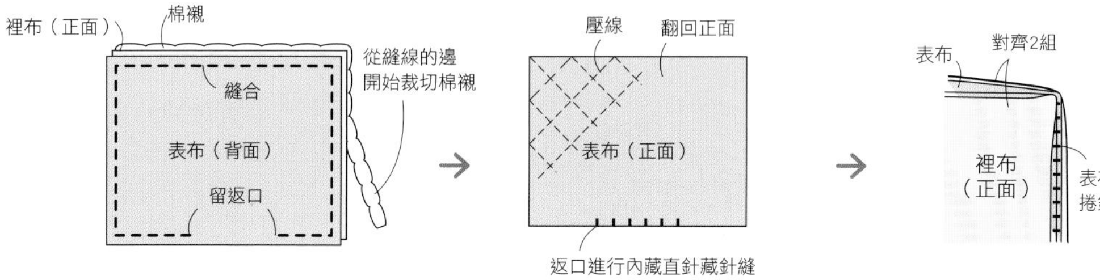

■ 縫法

捲針縫

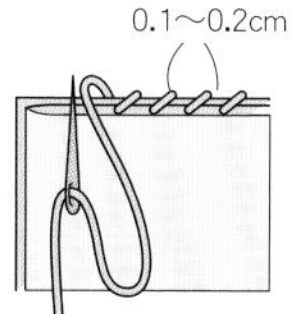

內藏直針藏針縫

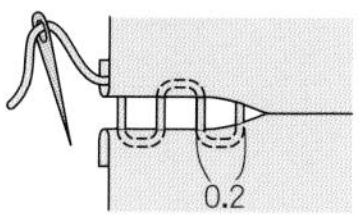

■ 以裡布包覆縫份的方法

多預留一些裡布的縫份，
包住裁切邊後，進行藏針縫

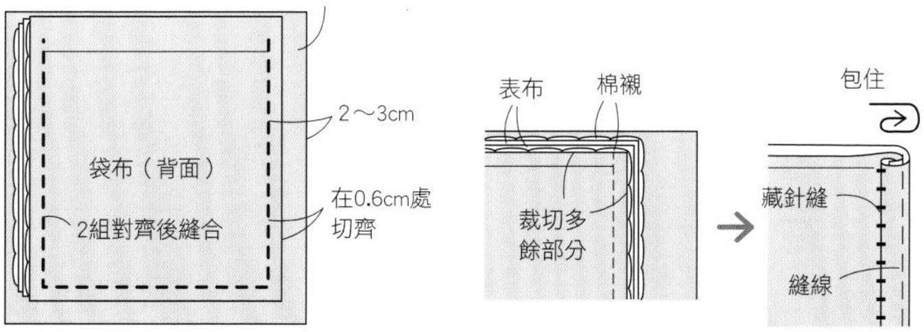

■ 包釦

裁剪圓形布片，放入包釦，再以平針縫拉縮，
並以藏針縫固定。

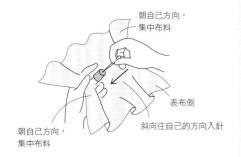

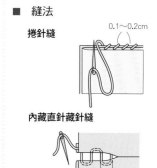

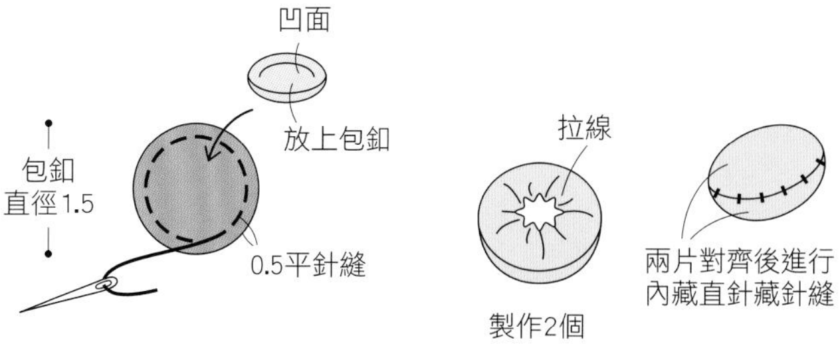

除指定之外，皆使用8號繡線。8號繡線取1股線使用。
使用25號繡線時，取（　　）中的股數使用。

平針繡

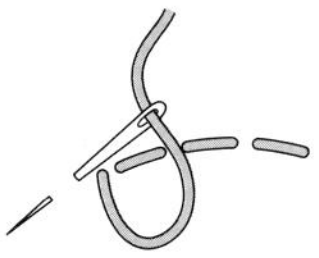

輪廓繡

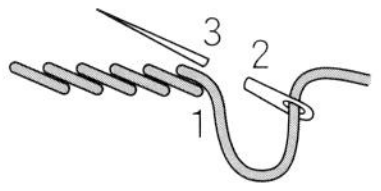

回針繡

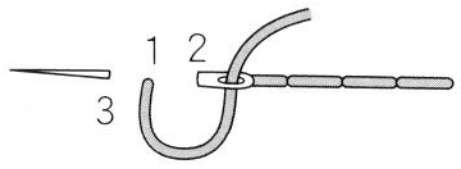

鎖鍊繡

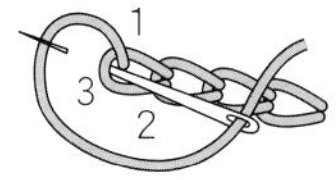

毛毯繡

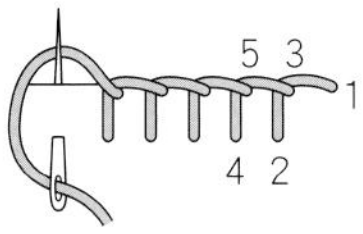

法國結粒繡

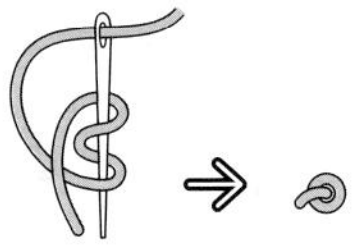

殖民結粒繡

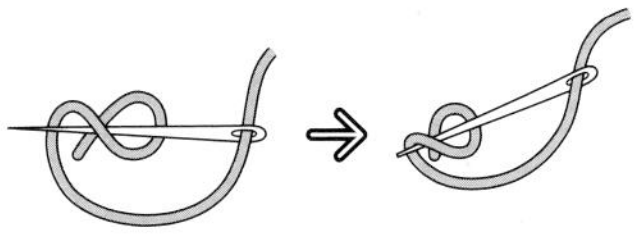

飛鳥繡

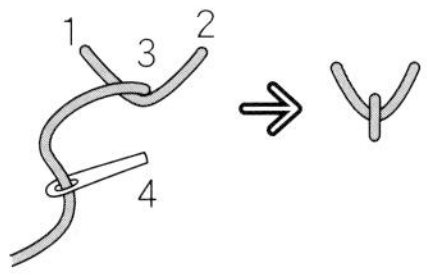

千鳥繡

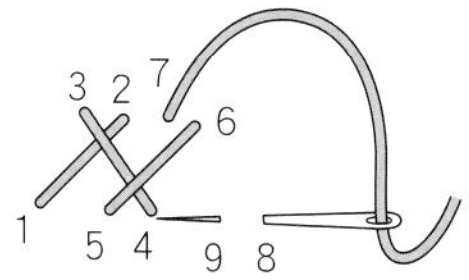

緞面繡

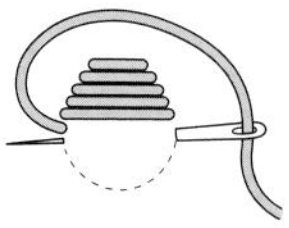

直線繡

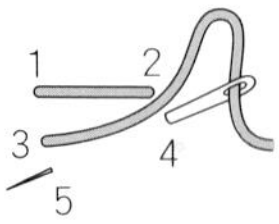

十字繡

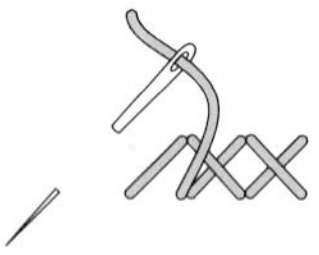

釘線繡

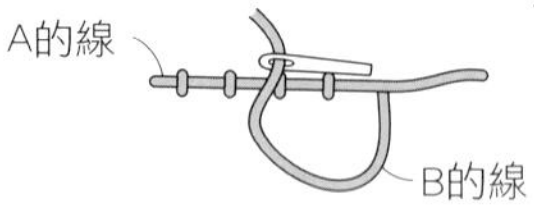

羽毛繡

雙羽毛繡

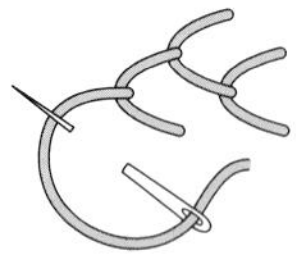

A的線

B的線

蝸牛足跡繡

捲線繡

捲線

拉線

束狀釦眼繡

扭轉鎖鍊繡

纜繩鎖鍊繡

以手指
壓住

鋸齒鎖鍊繡

捲線輪廓繡

纜繩繡

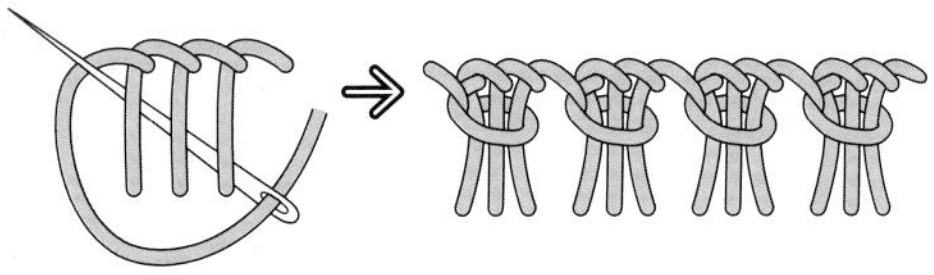

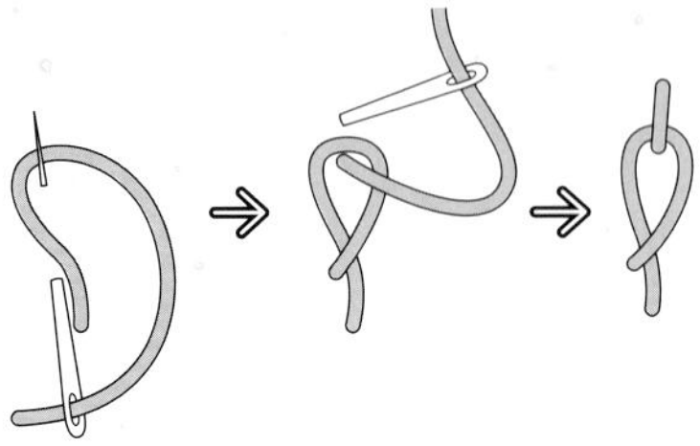

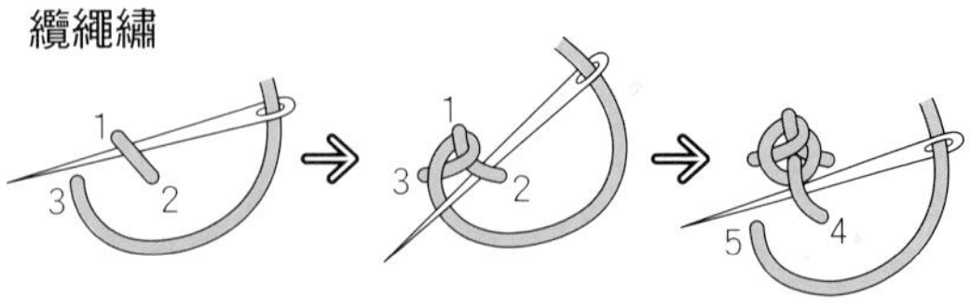

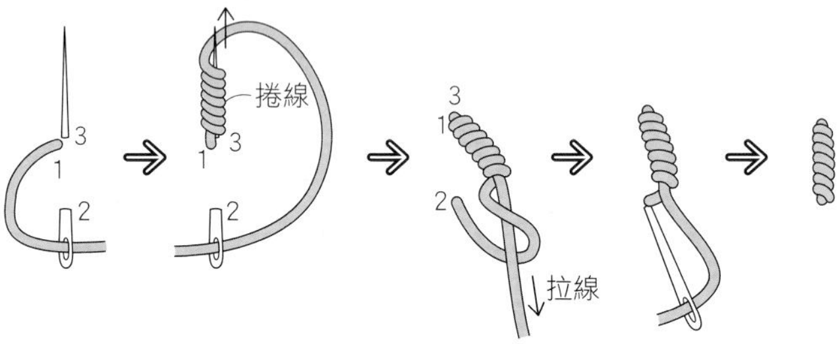

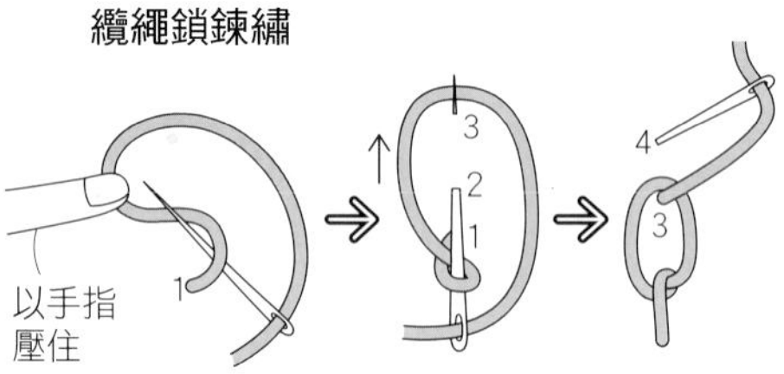

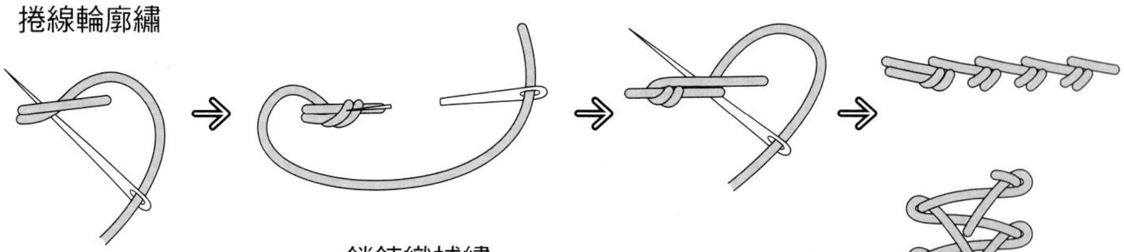

鎖鍊織補繡

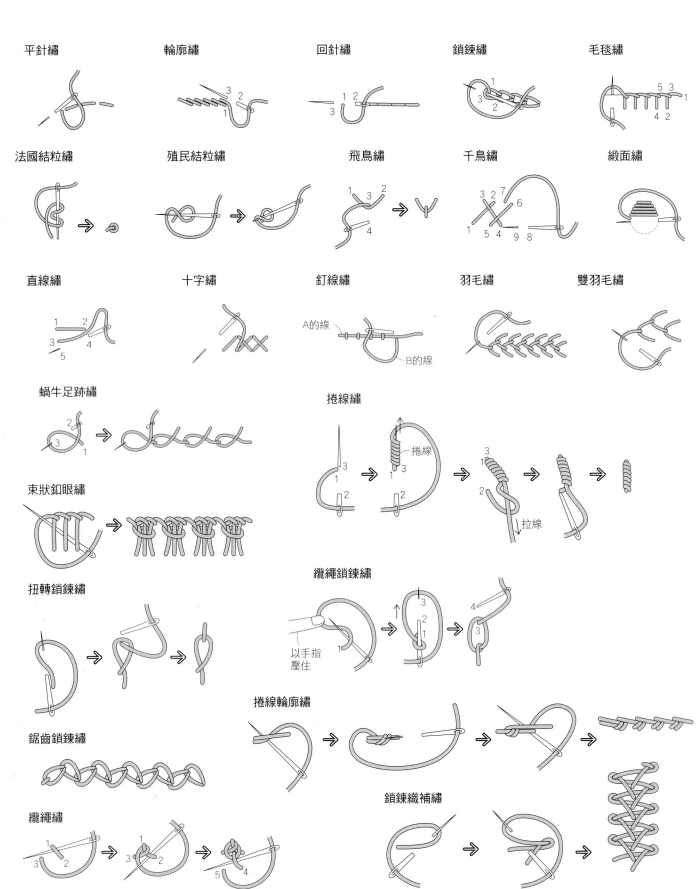

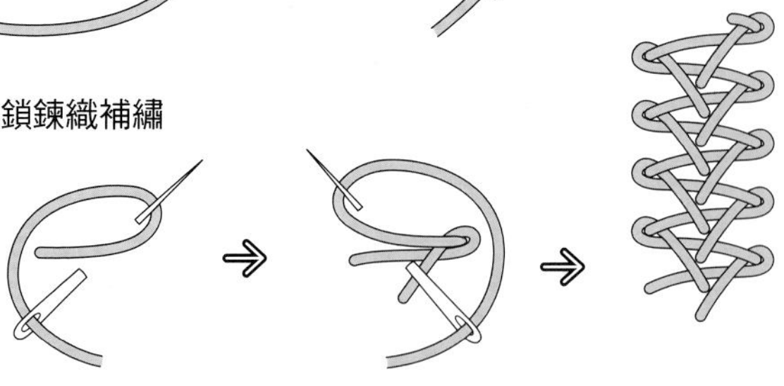

PATCHWORK 拼布美學 33

加藤禮子の

蘇姑娘拼布集（暢銷新版）

每一天都要開心玩的可愛貼布縫

作　　者／加藤禮子
譯　　者／楊淑慧
發 行 人／詹慶和
執行編輯／黃璟安
編　　輯／蔡毓玲・劉蕙寧・陳姿伶
執行美編／韓欣恬
美術編輯／陳麗娜・周盈汝
出 版 者／雅書堂文化事業有限公司
發 行 者／雅書堂文化事業有限公司
郵政劃撥帳號／18225950
戶　　名／雅書堂文化事業有限公司
地　　址／新北市板橋區板新路206號3樓
網　　址／www.elegantbooks.com.tw
電子郵件／elegant.books@msa.hinet.net
電　　話／(02)8952-4078
傳　　真／(02)8952-4084

2021年4月二版一刷　定價450元

Lady Boutique Series No.4375
KATO REIKO SUNBONNET SUE NO APPLIQUE QUILT

Original Japanese edition published in Japan by BOUTIQUE-SHA.
Chinese（in complex character）translation rights arranged with BOUTIQUE-SHA
through KEIO CULTURAL ENTERPRISE CO.,LTD.

經銷／易可數位行銷股份有限公司
地址／新北市新店區寶橋路235巷6弄3號5樓
電話／(02)8911-0825
傳真／(02)8911-0801

國家圖書館出版品預行編目資料

加藤禮子の蘇姑娘拼布集：每一天都要開心玩的可愛貼布縫 / 加藤禮子著；楊淑慧譯.
-- 二版. -- 新北市：雅書堂文化，2021.04
面；　公分. -- (拼布美學；33)
ISBN 978-986-302-584-9(平裝)

1. 拼布藝術 2. 手工藝

426.7　　110004618

●製作協助

上田真弓 大谷房子 奥田千加 川上亞矢子
黑田禮子 熊木明美 國分郁子 酒井昭子
田原克子 知念康子 露木和美 中塚やよい
松尾淑子 持田澄江

●拼布造型設計（P.12至P.15）

原田恭子

●攝影協助

AWABEES
UTUWA

●原書製作團隊

編輯／新井久子 三城洋子
攝影／山本倫子
書籍設計／右高晴美
繪圖、紙型／松尾容己子
作法校閱／安彥友美

● QUILT SHOP

http://www.huitpoints.com/shops/mothers/